全国应用型高校 3D 打印领域人才培养"十三五"规划教材

U0289753

3D 打印材料

主　编　朱　红　谢　丹
副主编　陈森昌　罗　贤
参　编　郭　璐　黎　楠

华中科技大学出版社
中国·武汉

内 容 提 要

3D打印是一种快速成型技术,它以三维数字模型文件为基础,运用高能束流或其他方式,通过逐层打印或粉末熔铸的方式来将液体材料、粉末材料、丝状材料、片层材料等进行逐层堆积、黏结,最终叠加成型来构造形体的技术。

本书分为5个模块,针对不同打印成型方式,将常用的3D打印金属材料、3D打印非金属材料、3D打印生物医用材料和3D打印新型材料的性能、种类、应用和展望进行了完整的介绍。项目内容按照材料的物理化学性能层层递进,强调材料性能对打印的影响,介绍国内外常用打印材料的牌号及其性能,各种打印技术对材料的要求等。

图书在版编目(CIP)数据

3D打印材料/朱红,谢丹主编.—武汉:华中科技大学出版社,2017.9(2023.7重印)
全国应用型高校3D打印领域人才培养"十三五"规划教材
ISBN 978-7-5680-2924-7

Ⅰ.①3… Ⅱ.①朱… ②谢… Ⅲ.①立体印刷-印刷术-高等学校-教材 Ⅳ.①TS853

中国版本图书馆 CIP 数据核字(2017)第 126911 号

3D 打印材料
3D Dayin Cailiao

朱 红 谢 丹 主编

策划编辑:张少奇
责任编辑:刘 飞
封面设计:杨玉凡
责任校对:刘 竣
责任监印:周治超

出版发行:华中科技大学出版社(中国·武汉) 电话:(027)81321913
　　　　　武汉市东湖新技术开发区华工科技园 邮编:430223

录　　排:武汉楚海文化传播有限公司
印　　刷:广东虎彩云印刷有限公司
开　　本:710mm×1000mm　1/16
印　　张:11.25
字　　数:229千字
版　　次:2023 年 7 月第 1 版第 7 次印刷
定　　价:38.80 元

全国应用型高校 3D 打印领域人才培养"十三五"规划教材

编审委员会

序

3D 打印技术也称增材制造技术、快速成型技术、快速原型制造技术等,是近30 年来全球先进制造领域兴起的一项集光/机/电、计算机、数控及新材料于一体的先进制造技术。它不需要传统的刀具和夹具,利用三维设计数据在一台设备上由程序控制自动地制造出任意复杂形状的零件,可实现任意复杂结构的整体制造。如同蒸汽机、福特汽车流水线引发的工业革命一样,3D 打印技术符合现代和未来制造业对产品个性化、定制化、特殊化需求日益增加的发展趋势,被视为"一项将要改变世界的技术",已引起全球关注。

3D 打印技术将使制造活动更加简单,使得每个家庭、每个人都有可能成为创造者。这一发展方向将给社会的生产和生活方式带来新的变革,同时将对制造业的产品设计、制造工艺、制造装备及生产线、材料制备、相关工业标准、制造企业形态乃至整个传统制造体系产生全面、深刻的影响:①拓展产品创意与创新空间,优化产品性能;②极大地降低产品研发创新成本,缩短创新研发周期;③能制造出传统工艺无法加工的零部件,极大地增加工艺实现能力;④与传统制造工艺结合,能极大地优化和提升工艺性能;⑤是实现绿色制造的重要途径;⑥将全面改变产品的研发、制造和服务模式,促进制造与服务融合发展,支撑个性化定制等高级创新制造模式的实现。

随着 3D 打印技术在各行各业的广泛应用,社会对相关专业技能人才的需求也越来越旺盛,很多应用型本科院校和高职高专院校都迫切希望开设 3D 打印专业(方向)。但是目前没有一套完整的适合该层次人才培养的教材。为此,我们组织了相关专家和高校的一线教师,编写了这套 3D 打印技术教材,希望能够系统地讲解 3D 打印及相关应用技术,培养出适合社会需求的 3D 打印人才。

在这套教材的编写和出版过程中,得到了很多单位和专家学者的支持和帮助,西安交通大学卢秉恒院士担任本套教材的顾问,很多在一线从事 3D 打印技术教学工作的教师参与了具体的编写工作,也得到了许多 3D 打印企业和湖北省 3D 打印产业技术创新战略联盟等行业组织的大力支持,在此不一一列举,一并表示感谢!

我们希望该套教材能够比较科学、系统、客观地向读者介绍 3D 打印这一新兴制造技术,使读者对该技术的发展有一个比较全面的认识,也为推动我国 3D 打印技术与产业的发展贡献一份力量。本套书可作为高等院校机械工程专业、材料工程专业、职业教育制造工程类的教材与参考书,也可作为产品开发与相关行业技术人员的参考书。

我们想使本套书能够尽量满足不同层次人员的需要,涉及的内容非常广泛,但由于我们的水平和能力有限,编写过程中有疏漏和不妥在所难免,殷切地希望同行专家和读者批评指正。

史玉升

2017 年 7 月于华中科技大学

前　言

3D打印技术是以三维数字模型为样本,通过逐层打印或粉末熔铸的方式来构造物体的技术,运用高能束流或其他方式,将液体、熔融体、粉末、丝、片等特殊材料进行逐层堆积黏结,最终叠加成型,直接构造出实体的技术。该技术的应用拓展与材料的性能密不可分,3D打印材料是3D打印技术发展的重要物质基础,在某种程度上,材料的发展决定着3D打印能否有更广泛的应用。

"3D打印材料"是高职院校机械类及近机类各专业中一门实用性较强的专业基础课程。本书的编写遵循"打好基础、精选内容、利于教学"的原则,注重理论与实践的紧密联系,既保证了必要、足够的理论知识内容,又增强了理论知识的应用性、实用性;本书分为五个模块,针对不同打印形式,将金属材料、非金属材料、生物材料和新型材料的性能、种类及应用进行了完整的介绍,项目内容按照材料的化学性能层层递进,强调材料性能对打印的影响,国内外常用打印材料的牌号及其性能,各种打印技术对材料的选取等。

本书由武汉职业技术学院朱红、谢丹担任主编,陈森昌、罗贤担任副主编,郭璐、黎楠参编。书中绪论、知识模块3与知识模块5由武汉市仪表电子学校罗贤编写;知识模块1中的1.1节与1.4节由武汉职业技术学院朱红编写;知识模块1中的1.2节由广东技术师范学院陈森昌编写;知识模块1中的1.3节、知识模块2中的2.3节及知识模块4由武汉职业技术学院谢丹编写;知识模块2中的2.1节由湖北水利水电职业技术学院黎楠编写;知识模块2中的2.2节由武汉职业技术学院郭璐编写;全书由武汉职业技术学院朱红负责统稿。

由于编者水平有限,书中难免出现疏漏和不足之处,敬请各位读者批评指正。

编　者

2017年6月

目　　录

绪　　论

材料是人类生活和生产的物质基础,是社会发展的基石。翻开人类进化史,我们不难发现,材料的开发、使用和完善都贯穿其始终,从天然材料的应用到陶瓷、青铜器的制造,从钢铁的冶炼到材料的合成,人类成功地生产出满足自身需求的材料,从而使自身走出深山,奔向茫茫平原、辽阔的海洋,飞向广袤的太空。由此可见,材料的划时代作用是不容忽视的,它犹如支撑万丈高楼的基石,支撑着人类文明,成为人类文明进步的标志。

材料的用途很多,广义地讲,食品、药品、燃料、木材、沙石、肥料、水、空气等都是材料。但一般工业和工程领域中所说的材料是指工程材料,即用于制造工程构件、机械零件、工模具等的材料,如金属材料、陶瓷材料、聚合物、复合材料等。

3D打印称为增材制造,是一种新的快速成型方式,它是以数学模型文件为基础,运用金属粉末、陶瓷粉末、塑料线材、细胞组织等可连接或可凝固化的材料,通过一层一层打印的方式直接制造三维实体产品的技术,顾名思义,就是通过一点点增加材料堆叠成一个想要的物件的样子。它是运用计算机软件设计出立体的加工样式,然后通过特定的成型设备用液化、粉末化、丝化的材料逐层打印出产品,与传统的减材制造不同,3D打印技术无须原胚和模具,就能直接根据计算机图形数据,通过增加材料的方法生产形状复杂的物体,简化产品的制造程序,缩短产品的研发周期,提高效率并降低成本。可见,3D打印是一种依托信息技术、精密机械和材料科学等多学科交叉的高新技术。

如今3D打印在国外市场上已初步形成规模,3D打印技术目前约有50%都应用在电子消费品、汽车等领域,在医疗生物等领域,3D打印也大有可为。根据美国相关组织统计,目前美国约有200万人使用3D打印技术打印的假肢;此外,3D打印机还能打印出真正的房子、衣服、鞋子和食物;而国内的3D打印技术,研究水平较国外仍有差距,目前我国的3D打印技术处于一个优化升级的过程,应用会随着技术的推进而不断扩展。

3D打印技术与传统打印技术的一个重要区别是:3D打印需要进行数字化三维模型构建,传统打印技术并不需要构建数字化三维模型;3D打印机的精确度相当高,能打印出模型中的大量细节部分,而且它创建模型的速度比铸造、冲压等传统方法创建模型的速度更快,特别是对传统方法难以制作的特殊结构模型。一般来说,3D打印的设计过程,先通过计算机软件建模,再将建成的三维模型分区重组成的截面积切片,从而指导打印机逐层打印,具体流程如图0-1所示。

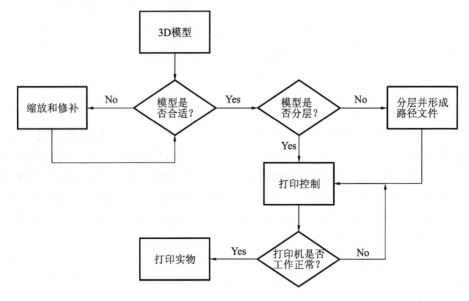

图 0-1　3D 打印流程图

　　模型的获取方式可分为三种：三维建模、三维扫描和网络下载已完成设计的模型。在模型方面有建模软件、分层切片及逐层打印软件，将所获取模型的数据文件存入存储卡中，打印机通过读取文件中的横截面信息，用液态、粉状或片状的材料将这些截面逐层地打印出来，再将各层截面联合起来，从而制造一个实体。

　　3D 打印技术发展前景是否广阔，关键在于材料。因此，3D 打印材料是 3D 打印技术发展的重要物质基础和关键保障。

0.1　3D 打印材料简介

　　3D 打印，综合了数字建模技术、机电控制技术、信息技术、材料科学与化学等诸多领域的前沿技术，是快速成型技术的一种，与传统制造技术相比，3D 打印不必事先制造模具，不必在制造过程中去除大量的材料，也不必通过复杂的锻造工艺，就可以得到最终的产品，因此在生产上可以实现结构优化、节约材料和节省能源的目标。3D 打印技术适合于新产品的开发、快速单件和小批量零件的制造、复杂形状零件的制造、模具的设计与制造等。因此 3D 打印产业受到国内外越来越广泛的关注，将成为下一个具有广阔发展前景的朝阳产业。目前 3D 打印技术的快速发展，使其成为近几年国内外快速成型技术研究的重点。在国防领域，欧美发达国家非常重视 3D 打印技术的应用，并投入巨资研制中心材料制造金属零部件，特别是大力推动增材制造技术在钛合金等高价值材料零部件制造上的应用，材料是 3D 打印的物质基础，也是当前制约 3D 打印发展的瓶颈。

3D打印材料,是3D打印技术发展的重要物质基础,在某种程度上,材料的发展决定了3D打印是否能有更广泛的应用。目前3D打印材料主要包括工程塑料、光敏树脂、橡胶类材料、金属材料和陶瓷材料等,除此之外,彩色石膏材料、人造骨粉细胞、生物原料以及砂糖等食品材料也在3D打印领域得到了应用,3D打印所用的这些原材料都是专门针对3D打印设备和工艺研发的,与普通的塑料、石膏、树脂等有所区别,其形态一般分为粉末状、丝状、片状、液体状,通常根据打印设备的类型及成型方式选择不同形态的材料。

3D打印根据成型机成型方式的不同,将若干生活中常见的材料划分为四种类型。

第一种,光聚合类型液态材料。主要使用液态光敏树脂,其主要累积技术为树脂固化法,又称为立体光固化成型法(简称SLA),就是在盛满液体光敏树脂的容器中,液态光敏树脂在紫外激光束的照射下快速固化成想要的形状。

第二种,挤压类型固态丝材。主要使用热塑性材料和共晶系统金属材料,其主要累积技术为熔丝堆叠法,又称为熔融沉积成型法(简称FDM)。美国学者Scoot Crump在1988年提出该方法,他将丝状的材料加热融化,根据要打印的物体截面轮廓信息,将材料有选择性地涂在工作台上,快速冷却,形成一层截面,然后一直重复以上的过程,直至形成整个实体的造型。这种打印方式主要使用的材料是一种聚乳酸(PLA),以玉米、木薯等为原料提取,绿色环保,无气味、无污染,这种打印方式也是现在最常用的成型法。

第三种,粒状类型固态粉末材料。主要使用热塑性塑料、金属粉末、陶瓷粉末材料,其主要累积技术为激光烧结法,称为选择性激光烧结法(简称SLS),就是将材料粉末涂撒在已成型的零件表面,并刮平;激光束在计算机的控制下,根据分层信息进行有选择性地烧结,一层完成后再进行下一层的烧结,全部烧结完成后,去掉多余的粉末,就可以得到一层烧结好的零件截面,并与下面已成型的部分黏结;当一层截面烧结完成后,铺上新的一层材料粉末,并重复以上打印步骤,直到完成打印。

第四种,层压类型固态片材。主要使用纸、金属膜、塑料薄膜材料,其主要累积技术为分层实体制造技术,又称LOM技术,由美国Helisys公司的Michael Feygin于1986年研制成功。LOM工艺采用薄片材料,如纸、塑料薄膜等。片材表面事先涂覆上一层热熔胶。加工时,用热压辊热压片材,使之与下面已成型的工件黏结;用CO_2激光器在刚黏结的新层上切割出零件截面轮廓和工件外框,并在截面轮廓与外框之间多余的区域内切割出上下对齐的网格;激光切割完成后,工作台带动已成型的工件下降,与带状片材(料带)分离;供料机构转动收料轴和供料轴,带动料带移动,使新层移到加工区域;工作台上升到加工平面;热压辊热压,工件的层数增加一层,高度增加一个料厚;再在新层上切割截面轮廓。如此反复直至零件的所有截面黏结、切割完,得到分层制造的实体零件。

三维印刷(简称 3DP)使用的材料与第二种的材料相同,能够打印彩色模型产品,3DP 工艺与 SLS 工艺类似,采用粉末材料成型,如陶瓷粉末、石膏粉末。所不同的是材料粉末不是通过烧结连接起来的,而是通过喷头用黏结剂将零件的截面"印刷"在材料粉末上面。用黏结剂黏结的零件强度较低,还须后处理。具体工艺过程如下:上一层黏结完毕后,成型缸下降一个距离(等于层厚;0.013~0.1 mm),供粉缸上升一高度,推出若干粉末,并被铺粉辊推到成型缸,铺平并被压实。喷头在计算机控制下,按下一建造截面的成型数据有选择地喷射黏结剂建造层面。铺粉辊铺粉时将多余的粉末用集粉装置收集。如此周而复始地送粉、铺粉和喷射黏结剂,最终完成一个三维粉体的黏结。未被喷射黏结剂的地方为干粉,在成型过程中起支撑作用,且成型结束后,比较容易去除和回收。

四种不同工艺的优缺点比较如表 0-1 所示。

表 0-1 四种典型 3D 打印工艺比较

	立体光固化成型 (SLA)	熔融沉积成型 (FDM)	选择性激光烧结 (SLS)	分层实体制造 (LOM)
优点	成型速度极快,成型精度、表面质量高;适合做小件及精细件	成型材料种类较多,成型样件强度好;尺寸精度较高,表面质量较好,易于装配;材料利用率高	可直接得到塑料、蜡或金属件;材料利用率高;造型速度较快	成型精度较高;只需对轮廓线进行切割,制作效率高,适合做大件及实体件
缺点	成型后要进一步固化处理;光敏树脂固化后较脆,易断裂,可加工性不好;工作温度不能超过 100 ℃,成型件易吸湿膨胀,抗腐蚀能力不强	成型时间较长;做小件和精细件时精度不如 SLA	成型件强度和表面质量较差;在后处理中难以保证制件尺寸精度,后处理工艺复杂,样件变形大,无法装配	不适宜做薄壁原型;表面比较粗糙,工件表面有明显的台阶纹,成型后要进行打磨;易吸湿膨胀,成型后要尽快做表面防潮处理;工件强度差,缺少弹性
设备购置费用	高昂	低廉	高昂	高昂
维护和日常使用费用	激光器有损耗,光敏树脂价格昂贵,运行费用很高	无激光器损耗,材料的利用率高,原材料便宜,运行费用极低	激光器有损耗,材料利用率高,原材料便宜,运行费用居中	激光器有损耗,材料利用率高,原材料便宜,运行费用居中

续表

	立体光固化成型 （SLA）	熔融沉积成型 （FDM）	选择性激光烧结 （SLS）	分层实体制造 （LOM）
发展趋势	稳步发展	飞速发展	稳步发展	渐趋淘汰
应用领域	复杂、高精度、艺术用途的精细件	复杂、高精度、艺术用途的精细件	铸造件设计	实心体大件
适合行业	快速成型服务	科研院校、企业	铸造行业	铸造行业

0.2 3D打印工艺对选材的要求

1. 各种成型工艺对材料的要求

3D打印通常由不同的打印工艺来选择材料和成型方法，各成型工艺所用材料及其优缺点对比表如表0-2所示。

表0-2 各成型工艺所用材料和优缺点对比表

成型方法	成型原理	使用材料	优 点	缺 点
立体光固化成型	液态光敏树脂在紫外线照射下发生聚合反应，材料从液态变固态	光敏树脂	精度较高、表面效果好	工艺运行及材料费用高，零件强度低，无法进行装配
熔融沉积成型	以丝状供料，被加热熔化的材料从喷头内挤出，迅速固化	蜡、ABS、PC、尼龙等	不用激光、使用和维护简单、成本较低	层与层的固化过程中，对于形状复杂的结构，还需要一些辅助定位和支撑结构
选择性激光烧结	将粉末材料平铺在已成型零件上表面，并刮平，高激光器烧结成型	不同材料的粉末为原料，例如：金属粉末、陶瓷粉末、聚碳酸酯、尼龙粉末等	材料选材广泛，无须考虑支撑系统，生产周期短等	受粉末的影响，在烧结过程中会产生各种缺陷（裂纹、变形、气孔等）
分层实体制造	加工时，热压辊热压片材，使之与已成型工件黏结，用激光器在新层上切割出截面轮廓，如此反复	薄片材料，如纸、塑料、薄膜等	原型精度高，原材料价格便宜，成型速度快。有较高的硬度和较好的力学性能	不能直接制作塑料工件，工件的抗拉强度和弹性不够好，工件易吸湿膨胀，前后处理费时费力

续表

成型方法	成型原理	使用材料	优 点	缺 点
三维印刷	有选择性地喷射黏结剂将零件上平铺好的粉末黏结起来,最后烧结成型	粉末材料,如陶瓷粉末、金属粉末	不用激光,成本较低,材料选择广泛,不用支撑结构	受粉末及烧结工艺的限制,产品的精度一般不高
无模铸型制造技术	第一个喷头在每层铺好的型砂上喷射黏结剂,同时第二个喷头喷射催化剂,并产生胶黏反应	砂、树脂、石膏、催化剂等	材料易得,可回收,铸造过程高度自动化、敏捷化。使设计、制造的约束条件大大减少	制造的模具韧度不够高、后处理操作的质量有待提高

根据打印工艺的不同,3D打印对材料的一般要求如下:

(1)立体光固化成型(SLA)要求光敏树脂黏度低,利于成型树脂较快流平,便于快速成型;固化收缩小,固化收缩导致零件变形、翘曲、开裂等,影响成型零件的精度,低收缩性树脂有利于成型高精度零件;湿态强度高,较高的湿态强度可以保证固化过程不产生变形、膨胀及层间剥离;杂质少,固化过程中没有气味,毒性小,有利于操作环境。但是SLA树脂会收缩变形,树脂在固化过程中都会发生收缩,通常线收缩率约为3%。从高分子化学角度讲,光敏树脂的固化过程是从短的小分子体向长链大分子聚合体转变的过程,其分子结构发生很大变化。因此需要在SLA光固化树脂中加入纳米陶瓷粉末、短纤维等,可改变材料强度、耐热性能等,改变其用途。

(2)选择性激光烧结成型(SLS)要求粉末材料有良好的热塑(固)性,一定的导热性,粉末经激光烧结后要有一定的黏结强度;粉末材料的粒度不宜过大,否则会降低成型件的质量;而且SLS材料还应有较窄的"软化-固化"温度范围,该温度范围较大时,制件的精度会受影响。

大体来讲,3D打印激光烧结成型工艺对成型材料的基本要求是:具有良好的烧结性能,无须特殊工艺即可快速精确地成型;对于直接用作功能零件或模具的原型,力学性能和物理性能(强度、刚度、热稳定性、导热性及加工性能)要满足使用要求;当间接使用原型时,要有利于快速方便地处理后续加工工序,即与后续工艺的接口性要好。

(3)LOM技术成型速度快,制造成本低,成型时无须特意设计支撑,材料价格也较低。但薄壁件、细柱状件的剥离比较困难,而且由于材料薄膜厚度有限制,制件表面粗糙,需要烦琐的后处理过程。LOM原型一般由薄片材料和黏结剂两部分组成,薄片材料根据对原型性能要求的不同可分为:纸、塑料薄膜、金属铂等。对于薄片材料要求厚薄均匀,力学性能良好并与黏结剂有较好的涂挂性和黏结能力。用于 LOM 的黏结剂通常为加有某些特殊添加剂组分的热熔胶。

(4)熔融沉积成型(FDM)要求材料要有良好的成丝性;其次,由于 FDM 过程中丝材要经受"固态-液态-固态"的转变,故要求 FDM 在相变过程中有良好的化学稳定性,且 FDM 材料要有较小的收缩性。

2.各种成型工艺对应材料的发展现状

3D 打印技术对原材料的要求比较苛刻,以 FDM 成型为例,为满足熔融沉积工艺的适用性,要求所选的材料需要以丝状形态提供,材料融化后在软件程序驱动下,自动按设计工艺完成各切片的凝固,使材料重新结合起来,完成成型。由于整个过程涉及材料的快速融化和凝固等物态变化,同时还要保证制件的表面质量及功能要求,这对原材料的性能要求极高,使得材料成本居高不下。有专家指出,3D 打印的核心是它对传统制造模式的颠覆,因此,从某种意义上说,3D 打印最关键的不是机械制造,而是材料研发。

(1)快速原型制造及材料现状。

快速原型制造即通常所说的快速成型,目前 3D 打印快速成型用特种粉体材料大多是设备工艺厂商针对各自设备特点定制的,优点是与专属设备的适用性好,研制难度相对小,缺点是材料的产业通用性差,产品成型过程的精度还有待提高,可见,制品表面精度受粉末原材料特性的制约明显,工艺对材料的依赖性不容忽视。

(2)高性能金属构件直接制造技术及所用材料现状。

高性能金属构件直接制造技术起步于 20 世纪 90 年代初,工艺难度比较大,其所用材料主要是钛及钛合金粉末材料和镍基或钴基的高温合金类粉末材料。工艺过程主要采用高功率的能量束,如激光或电子束作为热源,使粉末材料进行选区熔化,冷却结晶后形成严格按设计制造的堆积层,堆积层连续成型,形成最终产品。到目前为止,直接制造工业上的小型金属构件相对容易,体积较大的金属构件的直接制造难度非常大,对材料和工艺控制的要求很高。这将是增材制造产业推动相关工业发展的重点方向,也将是一项关键技术。其最大的难度在于材料和成型工艺。以钛合金为例,激光熔化后的材料凝固会造成钛合金体积收缩,造成巨大的材料热应力,内应力对小型构件影响不大,但随着零件尺寸的增加,成型会变得非常困难,即使能够成型也会由于大的内应力严重影响材料强度。第二个难题是材料冷却结晶过程复杂,材料结晶过程很难定量控制,一旦出现晶体粗大、枝晶等必将造成材料成型后的力学性能不佳等问题,最终结果就是关键构件没办法获得实际应用。

(3)3D 打印材料粉末制备方法简介及现状。

目前,合金粉末的制备方法主要有水雾化、气雾化和真空雾化等,其中真空雾化制备的粉末具有氧含量低、球形度高、成分均匀等特点,应用效果最佳。其中,高性能金属构件直接制造所用材料主要是钛及钛合金粉末材料和镍基或钴基的高温合金类粉末材料。目前钛及钛合金粉末的制备方法主要有等离子旋转电极法、单辊快淬法、雾化法等,其中旋转电极法因其动平衡问题,主要制备 20 目左右的粗粉;单辊快淬法制备的粉末多为不规则形状、杂质含量高,而气体雾化法制备的粉末具有球形度较好、粒度可控、冷却速度较快、细粉收得率高等优点,但雾化合金粉末也易出现一些缺陷,例如夹杂物、热诱导孔洞、原始粉末颗粒边界物。对于 3D 打印技术来说,粉体材料中的夹杂物和热诱导孔洞都会对成型部件产生影响。国外对钛及钛合金粉末的研究由来已久,技术相对成熟,而国内在雾化设备及粉末制备工艺方面,主要为移植和仿研,高性能制粉设备仍以进口为主。国内针对 3D 打印技术用粉末开展相应的研究不够,如粉末成分、夹杂、物理性能对 3D 打印相关技术的影响及适应性。因此针对低氧含量、细粒径粉末的使用要求,尚需开展钛及钛合金粉末的成分设计、细粒径粉末气雾化制粉技术、粉末特性对制品性能的影响等研究工作。国内受制粉技术所限,目前细粒径粉末制备困难,粉末收得率低、氧及其他杂质含量高等,在使用过程中易出现粉末熔化状态不均匀,导致制品中的氧化物夹杂含量高、致密性差、强度低、结构不均匀等问题。

0.3　3D 打印材料的分类

　　3D 打印主要由设备、软件、材料三部分组成,其中材料是不可或缺的环节,而现在业内主要研究的是设备和软件,对材料的研究还不够重视,材料瓶颈,已经成为限制 3D 打印发展的首要问题,因为未来 3D 打印的真正发展将体现在高端领域及工业应用方面,而目前高端打印材料的发展尚无法满足 3D 打印技术发展的需要。

　　1. 材料面临的问题

　　理论上说,所有的材料都可以用于 3D 打印,但目前主要以塑料、石膏、光敏树脂为主,很难满足大众用户的需求,特别是工业级的 3D 打印材料更是十分有限,目前适用于 3D 打印的金属材料只有十余种,而且只有专用的金属粉末材料才能满足金属零件的打印需要,能用金属粉末材料进行打印的为工业级打印机及选择性激光烧结(SLS)法、选择性激光熔化(SLM)法。

　　目前在工业级打印材料方面存在的问题主要是:

　　(1)可使用的材料的成熟度跟不上 3D 市场的发展;

　　(2)打印流畅性不足;

　　(3)材料强度不够;

(4)材料对人体的安全性和对环境友好性的矛盾；

(5)材料标准化及系列化规范的制定。

3D打印对粉末材料的粒度分布、松度密度、氧含量、流动性等性能要求很高，但目前还没有形成一个行业性的标准，因此在材料特性的选择上，前期要花很长的时间。

2.3D打印常用材料分类

(1)按材料的物理状态分类。

可分为液体材料、薄片材料、粉末材料、丝状材料等。

(2)按材料的化学性能分类。

可分为树脂类材料、石蜡材料、金属材料、陶瓷材料及其复合材料等。

(3)按材料形态方法分类。

液态材料：SLA，光敏树脂。

固态粉末：SLS，非金属（蜡粉、塑料粉、覆膜陶瓷粉、覆膜砂等）；SLM，金属粉（覆膜金属粉）。

固态片材：LOM，纸、塑料、陶瓷箔、金属铂＋黏结剂。

固态丝材：FDM，PLA、ABS丝等。

(4)按成型和工艺分类。

第一类：液态树脂光固化成型。

第二类：粉末材料激光融化成型。

第三类：丝状挤出热熔成型。

第四类：分层片材实体制造。

第五类：液体喷印成型（三维印刷）。

0.4　本课程的学习目的和任务

(1)目的　使学生获得有关机械工程材料的基本理论和基本知识及成型加工工艺方法，为将来学习工程材料有关课程奠定坚实的基础。

3D打印材料是机械类专业和近机专业的一门专业课程，其学生在学过一些工程材料知识的基础上，对材料及热处理等有了初步了解，但缺少对选材、加工等综合分析方法的训练，缺少新材料、新工艺技术方面的知识；同时，由于材料种类繁多，性能各异。因此，编写该教材的目的，就是为了使学生在掌握一般工程材料及热处理的知识后，能够较全面地了解各种材料的性能、热处理工艺、表面处理技术，从而合理地根据打印设备选择材料，制定正确的热处理工艺，以提高成型件的使用寿命，降低生产成本，提高产品的经济效益。

(2)任务　了解材料的成分、组织结构、工艺手段及外界条件改变时对其性能的影响；掌握各种工程材料（重点是金属材料）的基本特性和应用范围及强化、改性的途径、基本原理与方法；了解材料的发展现状和趋势，掌握各类材料的特性、强韧化方法和使用范围，初步具备选用常用材料的能力及正确选用材料及热处理方法的能力；初步具有正确选定一般机械零件的热处理工艺、成型加工方法的知识。

知识模块 1 3D 打印金属材料

金属材料是现代化工业、农业、国防和科学技术等部门使用最多的材料,从日常生活用品到高科技产品,从简单的手工工具到复杂的机器设备,都使用了不同种类、不同性能的金属材料,例如汽车、内燃机车、轮船、航天器、机器人、劳动工具及农用器械等。由金属材料制造的产品不仅装备了国内各个生产领域,而且有相当数量的金属材料及其产品远销世界其他国家。金属材料为国民经济的发展提供了可靠的物质保障。因此,世界各国对金属材料的研究和发展创新都是极为重视的。

目前,随着 3D 打印技术的发展,利用金属材料进行快速成型,不仅缩短了产品的开发周期、减少了材料使用量、降低了制造时间和能源消耗量,而且 3D 打印技术还促进绿色制造模式的发展。因此 3D 打印的金属材料研发在国内外受到高度重视。3D 打印所使用的金属粉末一般要求纯净度高、球形度好、粒径分布窄、氧含量低。目前,应用于 3D 打印的金属粉末材料主要有钛合金、钴铬合金、不锈钢和铝合金材料等,此外还有用于打印首饰的金、银等贵金属粉末材料。图 1.1 为 3D 打印金属材料成品,转子和叶片组合的一次性制造。

图 1.1 3D 打印金属材料成品

1.1 金属材料

金属材料是指以金属元素或以金属元素为主,具有金属性能的材料的统称,包括纯金属、合金、金属间化合物和特种金属材料等。金属材料的分类通常有三种:钢铁金属、非铁金属、特种金属。

(1)钢铁金属又称钢铁材料,包括含铁 90％以上的工业纯铁,含碳 2％~4％的铸铁,含碳小于 2％的碳钢,以及各种用途的结构钢、不锈钢、耐热钢、高温合金、精密合金等。广义的钢铁金属还包括铬、锰及其合金。

(2)非铁金属是指除铁、铬、锰以外的所有金属及其合金,通常分为轻金属、重金属、贵金属、稀有金属和稀土金属等。非铁合金的强度和硬度一般比纯金属的高,并且电阻大、电阻温度系数小。

(3)特种金属材料包括不同用途的结构金属材料和功能金属材料。其中有通过快速冷凝工艺获得的非晶态金属材料,以及准晶、微晶、纳米晶金属材料等;还有隐身、抗氢、超导、形状记忆、耐磨、减振阻尼等特殊功能合金,以及金属基复合材料等。

为了能够合理地选用金属材料,设计和制造出具有竞争力的产品,必须掌握金属材料的性能。金属材料的性能包括使用性能和工艺性能。使用性能是指金属材料在使用条件下所表现的性能,包括力学性能、物理性能、化学性能;工艺性能是指金属材料在制造加工过程中反映出来的性能,包括铸造性能、锻造性能、焊接性能及热处理性能。

1.1.1 金属的力学性能

金属的力学性能是指金属在外力的作用下所显示的与弹性和非弹性反应相关或涉及应力-应变关系的性能。弹性是指物体在外力作用下改变其形状和尺寸,当外力卸除后物体又恢复到原始形状和尺寸的性能。应力是指物体受外力作用后导致物体内部相互作用的力(内力)与截面积的比值。应变是指由外力所引起的物体原始尺寸或形状的相对变化,通常以百分数表示。

金属的力学性能是设计和制造零件最重要的指标,也是评定金属材料质量的重要判据。各种金属材料除对其成分范围作规定外,还要对其力学性能作必要的规定。因此,熟悉和掌握金属的力学性能是非常必要的。

金属受力的性质不同,将显示出不同的力学性能。金属的力学性能主要有强度、塑性、硬度、冲击韧度和疲劳强度等。

一、强度

金属材料在加工及使用过程中受到的外力称为载荷。载荷分为静载荷、冲击载荷及循环载荷三种。静载荷指大小不变或变化过程缓慢的载荷。金属在静载荷的作用下,抵抗塑性变形或断裂的能力称为强度。由于载荷的作用方式有拉伸、压缩、弯曲、剪切、扭转等形式,所以强度也分为抗拉强度、抗压强度、抗弯曲强度、抗剪强度和抗扭强度等五种。一般多以抗拉强度作为判断金属材料强度高低的依据。

金属材料的抗拉强度和塑性是通过拉伸试验测得的。拉伸试验的方法是将一定形状和尺寸的被测金属试样装夹在拉伸试验机上,缓慢施加轴向拉伸载荷,同时连续测量力和相应的伸长量,直至试样断裂,根据测得的数据,计算金属材料有关的力学性能。

1. 拉伸试样

在国家标准中,通常对试样的形状、尺寸和加工要求有明确的规定,通常采用圆柱形的试样,如图 1.2 所示。

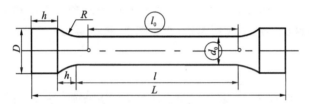

图 1.2　圆柱形拉伸试样

d_0 为标准试样的原始直径,l_0 为标准试样的原始标距长度。根据标距长度与直径之间的关系,拉伸试样可分为短试样($l_0 = 5 d_0$)和长试样($l_0 = 10 d_0$)两种。

2. 力-伸长曲线

力-伸长曲线是指拉伸试验中记录的拉伸力 F 与试样伸长量 Δl 之间的关系曲线,一般由拉伸试验机自动绘出。图 1.3 为低碳钢试样的力-伸长曲线,图中纵坐标表示力 F,单位为 N;横坐标表示试样伸长量 Δl,单位为 mm。通过观察可得出以下四个变形阶段:

(1)Oe——弹性变形阶段。

在力-伸长曲线图中,Oe 为一条倾斜直线,说明该阶段拉伸力 F 与试样伸长量 Δl 成正比。当拉伸力 F 增加时,试样的伸长量 Δl 也随之按比例增加。去除拉伸力后试样完全恢复到原始的形状和尺寸,表现为弹性变形。F_e 为试样保持完全弹性变形的最大拉伸力。

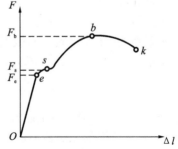

图 1.3　低碳钢试样的力-伸长曲线

(2)es——屈服阶段。

当拉伸力不断增加到超过 F_e 再卸载时,弹性变形消失,一部分变形被保留下来,即试样不能恢复到原来的形状和尺寸,这种不能随拉伸力的去除而消失的变形称为塑性变形。当拉伸力继续增加到 F_s 时,力-伸长曲线出现平台,说明在拉伸力基本不变的情况下,试样的伸长量继续增加,这种现象称为屈服。F_s 称为屈服拉伸力。

(3)sb——冷变形强化阶段。

试样屈服后,开始出现明显的塑性变形。随着塑性变形量的增加,试样抵抗变形的能力逐渐增加,这种现象称为冷变形强化。在力-伸长曲线上表现为一段上升曲线,该阶段试样的变形是均匀发生的。F_b 为试样拉断前能承受的最大拉伸力。

(4)bk——缩颈与断裂阶段。

当拉伸力达到 F_b 时,试样上某个部位的截面发生局部收缩,产生"缩颈"现象(见图 1.4)。由于缩颈使试样局部截面积减小,试样变形所需的拉伸力也随之降低,这时变形主要集中在缩颈部位,最终试样被拉断。缩颈现象在力-伸长曲线上表现为一段下降的曲线。

工程上使用的金属材料,大多没有明显的屈服现象。有些脆性材料,不仅没有屈服现象,而且也不产生缩颈现象,如高碳钢、铸铁等。

图 1.4　试样拉伸时产生的缩颈现象

3. 强度指标

(1)屈服强度。

在拉伸试验过程中,拉伸力不断增加,试样仍然能继续伸长(变形)时的应力称为屈服强度(又称屈服点),表明材料发生明显塑性变形时的最小应力值,用符号 σ_s 表示,单位为 MPa。计算公式为

$$\sigma_s = \frac{F_s}{S_0}$$

式中:F_s——试样屈服时的拉伸力,单位为 N;

　　　S_0——试样的原始截面面积,单位为 mm^2。

有些金属材料,没有明显的屈服现象,按国家标准的规定,可用屈服强度 $\sigma_{0.2}$ 表示。$\sigma_{0.2}$ 是指试样卸除拉伸力后,其标距部分的残余伸长率达到 0.2% 时的应力。计算公式为

$$\sigma_{0.2} = \frac{F_{0.2}}{S_0}$$

式中：$F_{0.2}$——残余伸长率达到 0.2% 时的拉伸力，单位为 N；

S_0——试样的原始截面面积，单位为 mm^2。

σ_s 和 $\sigma_{0.2}$ 是工程上极为重要的力学性能指标之一，是大多数机械零件设计和选材的依据，是评定金属材料性能的重要参数。

（2）抗拉强度。

试样在拉断前所承受的最大应力称为抗拉强度，用符号 σ_b 表示，单位为 MPa。计算公式为

$$\sigma_b = \frac{F_b}{S_0}$$

式中：F_b——试样在拉断前所承受的最大拉伸力，单位为 N；

S_0——试样的原始截面面积，单位为 mm^2。

零件在工作中承受的应力不能超过抗拉强度，否则会断裂。σ_b 也是机械零件设计和选材的依据，是评定金属材料性能的重要参数。

二、塑性

金属材料在静载荷作用下，产生塑性变形而不被破坏的能力称为塑性，常用伸长率和断面收缩率来表示。

1. 伸长率

试样被拉断后，标距的伸长量与原始标距的百分比称为伸长率。用符号 δ 表示。表示公式为

$$\delta = \frac{L_1 - L_0}{L_0} \times 100\%$$

式中：L_0——试样原始标距长度，单位为 mm；

L_1——试样拉断对接后测得的标距长度，单位为 mm。

必须说明，同一材料的试样长短不同，测得的伸长率数值是不等的。长试样和短试样的伸长率分别用符号 δ_5 和 δ_{10} 表示。

2. 断面收缩率

试样被拉断后，缩颈处的横截面积的最大缩减量与原始横截面积的百分比称为断面收缩率。用符号 ψ 表示。表示公式为

即
$$\psi = \frac{S_0 - S_1}{S_0} \times 100\%$$

式中：S_0——试样原始截面面积，单位为 mm^2；

S_1——试样拉断后缩颈处最小横截面积，单位为 mm^2。

断面收缩率不受试样标距长度的影响，因此能更可靠地反映材料的塑性。对必须承受强烈变形的材料，塑性指标具有重要意义。塑性优良的材料冷压成型性好，此外重要的受力零件也要求具有一定塑性，以防止超载时发生断裂。

伸长率和断面收缩率也表明材料在静态或缓慢增加的拉伸应力下的韧性。

塑性指标不能直接用于零件的设计计算,只能根据经验来选定材料的塑性,一般来说,伸长率达 5% 或断面收缩率达 10% 的材料,即可满足绝大多数零件的要求。

三、硬度

硬度是材料抵抗局部塑性变形的能力,是反映材料软硬程度的力学性能指标。机械制造业中所用的刀具、量具、模具、机械零件等都应具备足够的硬度,才能保证使用性能和使用寿命。

硬度是一项综合力学性能指标,其数值可以间接地反映金属的强度及金属在化学成分、显微组织和各种加工工艺上的差异。与拉伸试验相比,硬度试验简便易行,而且可以直接在工件上试验而不破坏工件,因此在生产中被广泛应用。

测试硬度的方法很多,最常用的有布氏硬度试验法、洛氏硬度试验法、维氏硬度试验法三种。

1. 布氏硬度

布氏硬度试验原理如图 1.5 所示。用一定直径的硬质合金球以一定的试验力压入试样表面,保持一定时间后卸除试验力,随即在金属表面出现一个压坑(压痕),测量试样表面的压痕直径,然后计算其硬度值。

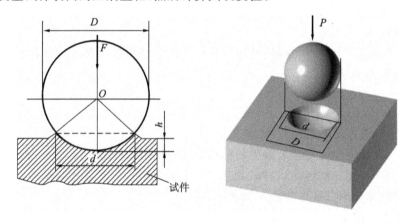

图 1.5 布氏硬度试验示意图

布氏硬度值是指球面压痕单位面积上所承受的平均压力,用符号 HBW 表示。计算公式如下:

$$\mathrm{HBW} = \frac{F}{S} = 0.102 \times \frac{2F}{\pi D(D - \sqrt{D^2 - d^2})}$$

式中:F——试验力,单位为 N;

$\quad S$——球面压痕表面积,单位为 mm^2;

$\quad D$——球体直径,单位为 mm;

$\quad d$——压痕平均直径,单位为 mm。

从计算公式可以看出,当试验力 F 与压头球体直径 D 一定时,布氏硬度值仅

与压痕直径 d 的大小有关,因此试验时只要测量出压痕直径 d,就可以通过计算或查布氏硬度表得到结果。一般布氏硬度值不标单位,只写硬度值(见表 1.1)。

表 1.1 布氏硬度试验的技术条件

材料	布氏硬度值	球直径/mm	0.12F/D^2	试验力/N	试验力保持时间/s	注 意 事 项
钢铁金属	≥140	10	30	29420	10	试样厚度应不小于压痕深度的10倍。试验后,试样边缘及背面应无可见变形痕迹;压痕中心距试样边缘距离应不小于压痕直径的2.5倍;相邻两压痕中心距离应不小于压痕直径的4倍
		5		7355		
		2.5		1839		
	<140	10	10	9807	10～15	
		5		2452		
		2.5		613		
非铁金属	≥130	10	30	29420	30	
		5		7355		
		2.5		1839		
	36～130	10	10	9807	30	
		5		2452		
		2.5		613		
	8～35	10	2.5	2452	60	
		5		613		
		2.5		153		

布氏硬度的表示方法是“布氏硬度数值＋HBW＋球体直径/试验力/试验力保持时间”。例如,600HBW1/30/20,表示用直径 1 mm 的硬质合金球,在 294.2N 试验力的作用下保持 20 s,测得的布氏硬度值为 600;550HBW5/750,表示用直径 5 mm 的硬质合金球,在 7355 N 试验力的作用下,保持 10～15 s 时测得的布氏硬度值为 550。

布氏硬度压痕面积较大,能反映较大范围内金属各组成部分的平均性能,因此试验结果较准确。但由于布氏硬度试验留下的压痕较大,不适宜用来检验薄件和成品件。

2. 洛氏硬度

洛氏硬度试验是用锥顶角为 120° 的金刚石圆锥体或直径为 1.588 mm 的淬火钢球作压头,在初试验力和主试验力的先后作用下,压入试样的表面,经规定保持时间后卸除主试验力,在保留初试验力的情况下,根据测量的压痕深度来计算洛氏硬度值,如图 1.6 所示。

进行洛氏硬度试验时,先加初试验力 F_0,压头压入试样表面,深度为 h_1,目的是为了消除因试样表面不平整而造成的误差。然后再加主试验力 F_1,在主试验力的作用下,压头压入深度为 h_2。卸除主试验力,保留初试验力,由于金属弹性变形的恢复,使压头回升到压痕深度为 h_3 的位置,那么主试验力所引起的塑性变形而使压头压入试样表面的深度 $h = h_3 - h_1$,称为残余压痕深度增量。显然,h 数值越

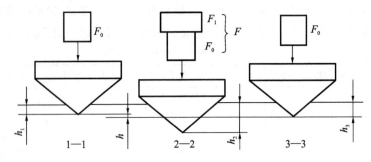

图 1.6　洛氏硬度试验示意图

大,则被测金属的硬度值越低。为了符合数值越大、硬度越高的习惯,用一个常数 K 减去 h 来表示硬度值的大小,并以每 0.002 mm 压痕深度作为一个硬度单位,由此获得的硬度值称为洛氏硬度,用符号 HR 表示。计算公式为

$$HR = \frac{K - e}{0.002}$$

式中:K——常数,用金刚石圆锥体压头进行试验时,K 为 0.2 mm,用淬火钢球压头进行试验时,K 为 0.26 mm。

　　e——残余压痕深度增量,单位为 mm。

　　洛氏硬度的数值可直接从硬度计上读出,它没有单位,不需要查表和换算,非常方便。由于试验力选用的压头和总试验力的不同,洛氏硬度的测量尺度也不同,常用的洛氏硬度标尺有 A、B、C 三种,其中 C 标尺应用较为广泛。三种洛氏硬度标尺的试验规范和应用范围见表 1.2。

表 1.2　常用洛氏硬度的试验条件和应用范围

标尺	硬度符号	压　　头	初试验力 /N	主试验力 /N	总试验力 /N	测量范围	应用举例
A	HRA	金刚石圆锥	98.1	490.3	588.4	70~85	硬质合金、表面淬火层、渗碳层
B	HRB	钢球	98.1	882.6	980.7	25~100	退火或正火钢、非铁金属等
C	HRC	金刚石圆锥	98.1	1373	1471.1	20~67	调质钢、淬火钢等

　　洛氏硬度试验压痕较小,对试样表面损伤小,可用来测定成品、半成品或较薄工件的硬度;由于采用不同的硬度标尺,洛氏硬度的测试范围大,能测量从极软到极硬金属的硬度。但是,由于压痕小,当材料的内部组织不均匀时,硬度数值波动较大,不能反映被测金属的平均硬度。因此,在进行洛氏硬度试验时,需要在不同部位测试多次,取其平均值来表示被测金属的硬度。

3. 维氏硬度

　　维氏硬度试验是将相对面夹角为 136° 的金刚石正四棱锥体压头按选定的试

验力压入试样表面,经规定的时间后卸除试验力,在试样表面形成一个正四棱锥形压痕,测量压痕两对角线的平均长度,计算压痕单位表面积上承受的平均压力,以此作为被测金属的硬度值,用符号 HV 表示,如图 1.7 所示,其计算公式为

$$HV = 0.1891 \frac{F}{d^2}$$

式中:F——试验力,单位为 N;

$\qquad d$——压痕两对角线长度的算术平均值,单位为 mm。

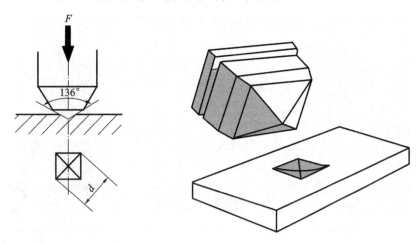

图 1.7　维氏硬度试验示意图

维氏硬度试验所用的试验力可根据试样的大小、厚薄等条件进行选择,常用试验力的大小在 49.03~980.7 N 范围内。维氏硬度值的表示方法与布氏硬度相同,硬度数值写在符号的前面,试验条件写在符号的后面。对于钢及铸铁,当试验力保持时间为 10~15 s,可以不标。

由于维氏硬度试验所加试验力较小,压痕深度较浅,故可测量较薄工件的硬度,尤其适用于零件表面层硬度的测量,如化学热处理的渗层硬度测量,其结果精确可靠。因维氏硬度值具有连续性,范围在 5~1000 HV 内,所以适用范围广,可测定从极软到极硬的各种金属硬度。但维氏硬度试验操作比较缓慢,而且对试样的表面质量要求较高。

四、冲击韧度

强度、塑性、硬度等都是在静载荷作用下测得的力学性能指标,而实际上有许多工件是在冲击载荷作用下工作的,如冷冲模上的冲头、锻锤的锤杆、飞机的起落架、变速箱的齿轮等。对于这些承受冲击载荷的工件,不仅具有经载荷作用下的力学性能指标,而且还必须有足够的抵抗冲击载荷的能力。

金属材料在冲击载荷作用下抵抗破坏的能力称为冲击韧度。为了测定金属的冲击韧度,通常要进行夏比冲击试验。

1. 测试原理

夏比冲击试验是在摆锤式冲击试验机上进行的,利用的是能量守恒定律。试验时,将被测金属的冲击试样放在冲击试验机的支座上,缺口应背对摆锤的冲击方向,如图1.8所示。将重量为 G 的摆锤升高到 H 高度,使其具有一定的势能 GH,然后让摆锤自由落下,将试样冲断,并能继续向另一方向升高到 h 高度,此时摆锤具有剩余的势能为 Gh。摆锤冲断试样所消耗的势能即是摆锤冲击试样所做的功,用符号 A_k 表示,计算公式为

$$A_k = G(H-h)$$

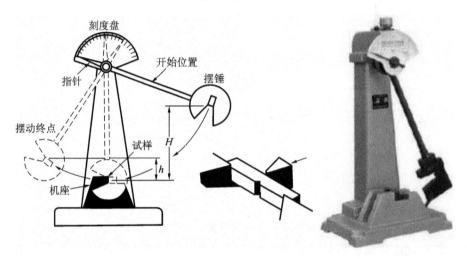

图 1.8　夏比冲击试验示意图

试验时,A_k 的值可直接从试验机的刻度盘读出。A_k 值的大小就代表了被测金属韧度的高低,但习惯上采用冲击韧度来表示金属的韧度。冲击吸收功 A_k 除以试样缺口处的横截面积 S_0,即可得到被测金属的冲击韧度,用符号 α_k 表示,计算公式为

$$\alpha_k = \frac{A_k}{S_0}$$

式中:α_k——冲击韧度,单位为 J/cm^2;

$\quad\quad S_0$——试样缺口处的横截面积,单位为 cm^2;

$\quad\quad A_k$——冲击吸收功,单位为 J。

一般将 α_k 值低的材料称为脆性材料,α_k 值高的材料称为韧性材料。脆性材料在断裂前无明显的塑形变形,断口较平整,有金属光泽;韧性材料在断裂前有明显的塑性变形,断口呈纤维状,没有金属光泽。

2. 冲击试样

为了使夏比冲击试验的结果可以相互比较,冲击试样必须按照国家标准制作,常用试样如图1.9所示,图(a)是 U 形缺口试样,图(b)是 V 形缺口试样。其

相应的冲击吸收功分别为 A_{kU} 和 A_{kV},冲击韧度标为 α_{kU} 和 α_{kV}。

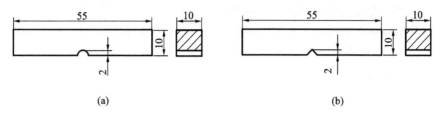

图 1.9 冲击试样

3. 韧脆转变温度

金属的冲击吸收功与冲击试验时的温度有关。同一种金属材料在一系列不同温度下的冲击试验,测绘的冲击吸收功与试验温度之间的关系曲线,称为冲击吸收功-温度曲线,如图 1.10 所示。

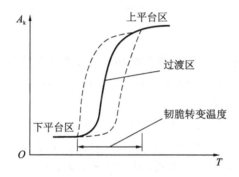

图 1.10 冲击吸收功-温度曲线

金属的冲击吸收功-温度曲线具有明显的上平台区、过渡区和下平台区三部分。随着试验温度的降低,冲击吸收功总的变化趋势是降低的。当温度降至某一范围时,冲击吸收功急剧下降,金属由韧性断裂变为脆性断裂,这种现象称为冷脆转变。金属由韧性转变为脆性的转变温度称为韧脆转变温度。韧脆转变温度是衡量金属冷脆倾向的指标。

金属材料的韧脆转变温度越低,说明其低温抗冲击性能越好。这对于在高寒地区或低温条件下工作的机械和工程结构来说非常重要。在选择金属材料时,应考虑其工作条件的最低温度必须高于金属的韧脆转变温度。

五、疲劳强度

有些机器零件,如轴、齿轮、连杆、弹簧等,在交变载荷长期作用下,往往在工作应力低于屈服强度的情况下突然破坏。这种现象称为疲劳。疲劳断裂与静载荷作用下的断裂不同,不管是韧性材料还是脆性材料,疲劳断裂都是突然发生的,事先无明显的塑性变形的预兆,故具有很大的危险性。

疲劳断裂是在零件应力集中的局部区域开始发生的,这些区域通常存在着各种缺陷,如划痕、夹杂、软点、裂纹等,在循环载荷的反复作用下,产生疲劳裂纹,并随着应力循环周次的增加,疲劳裂纹不断扩展,使零件的有效承载面积不断减少,最后达到某一临界尺寸时,发生突然断裂。

疲劳断裂是在循环应力作用下,经一定的循环次数后发生的。在循环载荷的作用下,金属所承受的循环应力 σ 和断裂时的应力循环次数 N 之间的关系,可用疲劳曲线描述,如图 1.11 所示。

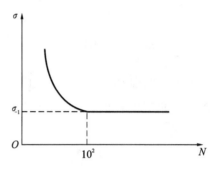

图 1.11　σ-N 疲劳曲线

金属在循环应力作用下经无限次循环而不断裂的最大应力值,称为金属的疲劳强度,对称循环应力的疲劳强度用符号 σ_{-1} 表示。显然 σ_{-1} 的数值越大,金属材料抗疲劳破坏的能力越强。

实际上金属不可能作无数次循环应力试验,一般都是求疲劳极限,即对应于规定的循环次数,试样不发生断裂的最大应力值。对于钢铁金属,一般规定应力循环基数为 10^7 周次;对于非铁金属,则应力循环基数规定为 10^8 周次。

金属的疲劳极限受很多因素的影响,如工作条件、材料成分及组织、零件表面状态等。改善零件的结构形状、降低零件的表面粗糙度、采取各种表面强化的方法、尽可能减少各种热处理缺陷等都可以提高零件的疲劳极限。

1.1.2　金属的晶体结构与结晶

不同的金属材料具有不同的力学性能,对同一金属材料,在不同的条件下其力学性能也是不同的,还可通过改变其内部结构和组织状态的方法来改变其性能。金属的性能差异,完全是由金属内部的组织结构决定的。因此,研究金属材料的结构及组织状态,对于生产、加工、使用现有金属材料和发展新型材料均具有重要意义。

一、金属的晶体结构

1. 晶体结构的基本知识

固态物质按其原子排列规律的不同可分为晶体与非晶体两种。

凡是原子在空间有规则的周期性重复排列所形成的固态物质称为晶体。大多数金属、陶瓷以及一些聚合物在形成固体时,都可形成晶体。晶体通常具有固定的熔点和各向异性等特征。

　　凡原子在空间无规则地堆积在一起所形成的固态物质称为非晶体,非晶体没有固定的熔点,性能呈各向同性,玻璃、松香、沥青等都是非晶体。

　　晶体与非晶体的根本区别在于原子排列是否有规则。晶体结构就是晶体内部原子排列的方式及特征。只有研究金属的晶体结构,才能从本质上说明金属性能的差异及变化的实质。

　　在研究金属的晶体结构时,为分析问题方便,通常将金属中的原子近似地看成是刚性小球。这样,金属晶体就可以近似看成是由刚性小球按照一定的几何规则紧密堆砌而成的,如图 1.12 所示。

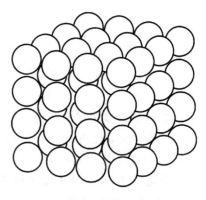

　　为了便于理解晶体结构,可以把刚性小球再抽象成一个中心几何点,用一些假想的几何线条将晶体中各原子的中心连接起来,构成一个空间格架,这种抽象化了的用于描述原子在晶体中排列形式的几何空间格架,简称为晶格,如图 1.13(a)所示。

图 1.12　晶体中原子排列模型

　　由于晶体中原子呈规则排列且有周期性的特点,因此通常选取一个能够完全反映晶格特征的,由最小数目的原子构成的最小结构单元来表示晶体中原子排列规律的几何单元称为晶胞,如图 1.13(b)所示。可以看出晶格可以由晶胞的不断重复堆砌而成。

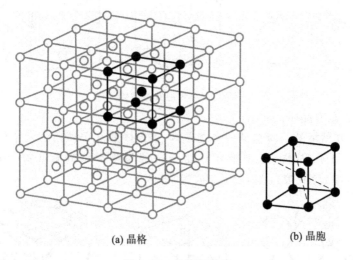

(a) 晶格　　　　　　　　　　　(b) 晶胞

图 1.13　晶格与晶胞

　　在晶体学中,通常取晶胞上某一点作为原点,沿其三条棱边作坐标轴 x、y、z,称为晶轴。规定在坐标原点的前、右、上方为正方向,晶格参数包括晶胞的棱边长度 a、b、c 和棱边夹角 α、β、γ,如图 1.14 所示。其中棱边长度称为晶格常数。

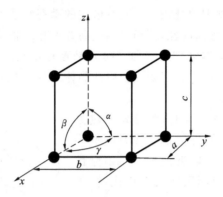

图 1.14 晶胞的表示方法

2. 常见金属的晶体类型

根据晶体晶胞中原子排列的规律,晶格的基本类型可以有许多种。由于大多数金属都属于金属键结合,其原子具有趋于紧密排列的趋向,常见晶格类型主要包括体心立方晶格、面心立方晶格和密排六方晶格三种。

(1)体心立方晶格。

体心立方晶格的晶胞为一个立方体,立方体的八个顶角各排列一个原子,立方体中心有一个原子,如图 1.15 所示。属于这种晶格类型的金属有 α-Fe(α 铁)、Cr(铬)、W(钨)、Mo(钼)、V(钒)等。

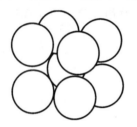 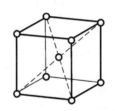 

图 1.15 体心立方晶胞

(2)面心立方晶格。

面心立方晶格的晶胞也是一个立方体,立方体的八个顶角和六个面的中心各排列着一个原子,如图 1.16 所示。属于这种晶格类型的金属有 γ-Fe(γ 铁)、Al(铝)、Cu(铜)、Ni(镍)、Au(金)、Ag(银)等。

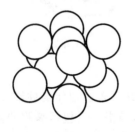 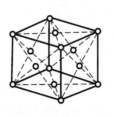 

图 1.16 面心立方晶胞

（3）密排六方晶格。

密排六方晶格的晶胞是一个立方柱体,柱体的十二个顶点和上、下面中心各排列着一个原子,六方柱体的中间还有三个原子,如图 1.17 所示。属于这种晶格类型的金属有 Mg(镁)、Zn(锌)、Be(铍)、Ti(钛)等。

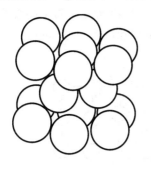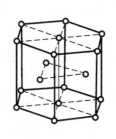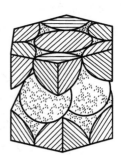

图 1.17 密排六方晶胞

3.实际晶体结构

晶体是由原子按一定几何规律作周期性排列而形成的,如果晶体内部的晶格位向完全一致,这种晶体被称为单晶体(见图 1.18(a))。在工业生产中,只有经过特殊的方法才能获得单晶体。

实际使用的金属材料,即使体积很小,其内部仍包含了许多颗粒状的小晶体,每个小晶体内部的晶格位向是一致的,而各个小晶体彼此间位向都不同。如图 1.18(b)所示,这种外形呈多面体颗粒状的小晶体称为晶粒。晶粒与晶粒之间的界面称为晶界,这种实际上由许多晶粒组成的晶体称为多晶体。

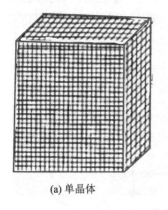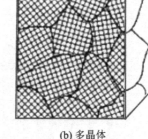

(a)单晶体　　　　　　　　(b)多晶体

图 1.18 单晶体与多晶体

实际的金属晶体结构不仅是多晶体,且原子的排列并不像理想晶体那样规则和完整。实际应用的晶体材料的结构,总是不可避免地存在一些原子偏离规则的不完整性区域,这就是缺陷。这些缺陷对金属的物理性能、化学性能和力学性能影响很大。根据晶体缺陷的几何形态特征,可分为:点缺陷、线缺陷和面缺陷三类。

（1）点缺陷。

最常见的点缺陷是晶格空位和间隙原子，如图 1.19 所示。晶格中的某个原子脱离了平衡位置，形成了空间结点，称为空位。某个晶格间隙中挤进了原子，这种不占有正常的晶格位置，处在晶格空隙之间的原子被称为间隙原子。缺陷的出现破坏了原子间的平衡状态，使晶格发生扭曲，称为晶格畸变。晶格畸变将使晶体性能发生改变，例如使金属的屈服点升高、塑性下降和电阻的增加等。

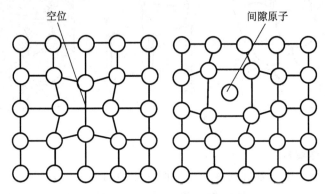

图 1.19　空位和间隙原子示意图

（2）线缺陷。

线缺陷是指在晶体中呈线状分布（在一个方向上尺寸很大，在另一个方向上尺寸很小）的缺陷，常见的线缺陷是各种类型的位错。位错是晶体结构中的一种极为重要的微观缺陷。实质上这种晶体结构的不完整性是一种普遍存在的形式，它是在晶体中某处有一列或若干列原子发生了有规则的错排现象。位错有许多类型，刃型位错是一种比较简单的位错。如图 1.20 所示。距离位错线越远，晶格畸变的程度越小，应力也越小。

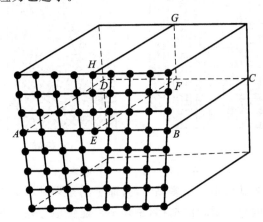

图 1.20　刃型位错示意图

（3）面缺陷。

面缺陷是指在晶体中呈面状分布（在两个方向上的尺寸很大，在第三个方向上尺寸很小)的缺陷。常见的面缺陷是晶界和亚晶界。

金属大多是多晶体,多晶体中两个相邻晶粒的晶格位向不同,故晶界处原子排列的规律性就不一致,必然从一种晶格位向逐步过渡到另一种晶格位向,因此,晶界实际上是不同位向晶粒间原子排列无规则的过渡层,如图1.21所示。晶界处原子排列的不规则,使晶格处于畸变状态,因而晶界与晶粒内部有着一系列不同的特性,如果晶界在常温下的强度、硬度较高,而在高温下的强度、硬度较低;晶界容易被腐蚀且熔点低等。

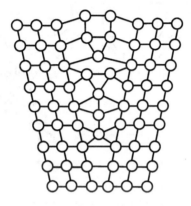

图1.21　晶界结构示意图

二、纯金属的结晶

金属从液态经冷却转变为固态的过程,也就是原子由不规则排列的液体逐步过渡到原子做规则排列的晶体状态的过程,这一过程称为结晶过程。

金属的性能与金属结晶后所形成的组织有密切关系,因此,研究金属的结晶过程基本规律,对改善金属材料的组织和性能具有重要的意义。

1. 纯金属的结晶过程

纯金属的结晶过程是不断形成晶核和晶核不断长大的过程,如图1.22所示。

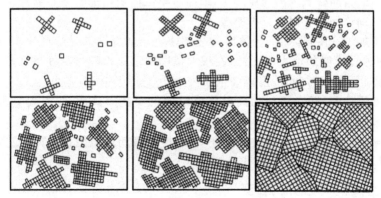

图1.22　纯金属结晶过程示意图

在晶核长大的初期,其外形是比较规则的。随着晶核的长大和晶体棱角的形成,由于棱边和尖角处的散热条件优越,晶粒在棱边和尖角处就优先长大,如图1.23 所示。晶体的这种生长方式就像树枝一样,先长出干枝,然后再长出分枝,因此,得到的晶体称为树枝状晶体,简称枝晶。

图 1.23　晶体长大示意图

2.金属结晶后的晶粒大小

金属结晶后的晶粒大小可以用单位体积内的晶粒数目来表示。单位体积内的晶粒数目越多说明晶粒越细。试验证明,常温下细晶粒的金属力学性能比粗晶粒的金属力学性能要好,主要是由于晶粒越细,晶界数量越多,位错移动的阻力就越大,使金属的塑性变形抗力增加;同时,晶粒数量越多,金属的塑性变形可以分散到更多的晶粒内进行,晶界会阻止裂纹的扩展,使金属的力学性能提高。

因此,细化晶粒对提高常温下金属的力学性能有很大的作用,是强化金属材料的一种有效方法。

金属结晶后单位体积内晶粒的数目取决于结晶时的形核率和晶核的长大速度。形核率是指单位时间、单位体积金属液内形成的晶核数目。一般来说,结晶时形核率越大,晶核长大的速度越小,结晶后单位体积内晶粒数目就越多,晶粒越细。因此,细化晶粒有以下三种办法。

(1)增加过冷度,即加快金属液的冷却速度。金属结晶时的形核率与晶核长大速度均随过冷度的增大而增加,在很大范围内形核率随过冷度增加较快,如图1.24 所示。因此,增加过冷度能细化晶粒,此法适用于中、小铸件。

(2)变质处理,即在浇注前向金属液中加入少量形核剂,造成大量非自发形核,使晶粒细化。

(3)振动处理,即对金属液进行振动、超声波振动或电磁振动等,使生长中的枝晶破碎,提高形核率,从而细化晶粒。

三、金属的同素异构转变

大多数金属(如 Cu、Al)结晶完成后其晶格类型不再发生改变,而有些金属

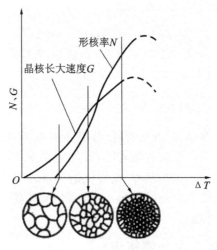

图 1.24　形核率和晶核长大速度与过冷度关系示意图

（如 Fe、Co、Ti、Sn 等）在结晶完成后随着温度继续下降，其晶格类型还会发生变化。这种金属在固态下的晶格类型随温度发生变化的现象称为同素异晶转变。图 1.25 是纯铁的冷却曲线，在刚结晶时（1538 ℃）具有体心立方晶格，称为 δ-Fe；在 1394 ℃，δ-Fe 转变为具有面心立方晶格的 γ-Fe；在 912 ℃下，γ-Fe 又转变为具有体心立方晶格的 α-Fe；再继续冷却时，晶格类型就不再发生变化了。

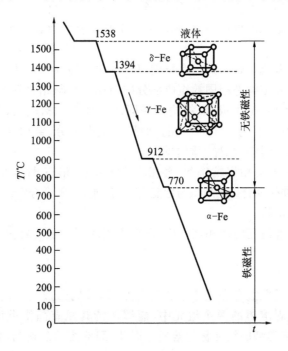

图 1.25　纯铁的冷却曲线

纯铁的同素异晶转变过程可概括如下：

$$\delta\text{-Fe} \xrightleftharpoons{1394\ ℃} \gamma\text{-Fe} \xrightleftharpoons{912\ ℃} \alpha\text{-Fe}$$

由于纯铁具有这种同素异晶转变现象，因而能够对钢和铸铁进行热处理，改变其组织和性能，这也是钢铁用途极其广泛的主要原因之一。

1.1.3 合金的晶体结构与结晶

纯金属具有良好的导电性、导热性、塑性和金属光泽，在人类生产和生活中获得了广泛的应用。但由于纯金属种类有限，提炼比较困难，力学性能较低，因此无法满足人们对金属材料提出的多品种、高性能的要求。工程中大量使用的金属材料都是根据需要配制而成的合金，因为合金比纯金属具备更高的力学性能和某些特殊的物理性能、化学性能。

一、合金的基本概念及晶体结构

1. 合金的基本概念

合金是由两种或两种以上的金属元素或者金属元素与非金属元素组成的具有金属特性的物质。例如：碳钢及铸铁是由铁和碳组成的合金；黄铜是由铜和锌组成的合金；硬铝是由铝、铜和镁组成的合金。

组成合金的最基本的独立的单元称为组元。组元可以是金属元素、非金属元素或稳定的化合物。根据组元的多少，合金可分为二元合金、三元合金和多元合金。由两个以上组元组成的一系列不同成分的合金称为合金系，如二元合金系、三元合金系。

纯金属可以看成是合金的一个特例，只有一个组元，称为单元系。

合金中成分和结构都相同的组成部分称为相。相与相之间具有明显的界面，称为相界。如果合金是由成分、结构都相同的一种晶粒构成的，各个晶粒之间虽然有晶界分开，但它们仍属于同一相。如果合金由成分、结构互不相同的几种晶粒所构成，则该合金具有几种不同的相。

合金的性能一般是由组成合金的各相的成分、结构、形态、性能及相与相的组合情况决定的，因此，在研究合金的组织与性能之前，必须先了解合金组织中的相结构。

2. 合金的相结构

根据合金中各组元间的相互作用，合金中相的结构主要有固溶体和金属化合物两大类。

（1）固溶体。

合金中两组元在液态和固态下都互相溶解，共同形成均匀的固相，这类相称为固溶体。组成固溶体的两个组元中，能够保持其原有晶格类型的组元称为溶剂，失去原有晶格类型的组元称为溶质。因此，固溶体的晶格与溶剂的晶格相同，而溶质以原子状态分布在溶剂的晶格中。根据溶质原子在溶剂晶格中占据的位置，可将固溶体分为置换固溶体和间隙固溶体。两种固溶体的结构如图 1.26 所示。

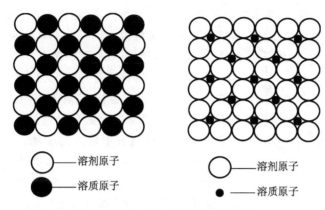

图 1.26　置换固溶体和间隙固溶体

　　由溶质原子代替一部分溶剂原子而占据溶剂晶格中某些结合位置而形成的固溶体叫置换固溶体。按照溶质原子在置换固溶体中的溶解度不同,又分为有限固溶体和无限固溶体。如铜和锌、铜和锡就形成了有限固溶体。而铁和铬、铜和镍便形成了无限固溶体。

　　由溶质原子占据溶剂晶格中间隙位置而形成的固溶体称为间隙固溶体。由于溶剂晶格的空隙有一定的限度,所以间隙固溶体的溶解度是有限的。在金属材料的相结构中,碳钢中碳原子溶入 α-Fe 晶格空隙中便形成了间隙固溶体,称为铁素体。

　　由于溶质原子的溶入,引起了固溶体晶格发生畸变(见图 1.27),使合金的塑性变形抗力增大,合金的强度和硬度提高。这种通过溶入溶质元素,使固溶体强度和硬度提高的现象称为固溶强化。实践证明,只要适当控制固溶体中溶质的含量,就能在显著地提高金属材料强度的同时仍然使其保持较高的塑性和韧性。固溶强化是提高金属材料力学性能的重要途径之一。对于钢铁材料来说,固溶强化的作用只是其强化途径的一种,因此有一定的局限性,而对于非金属材料来说,固溶强化是行之有效的重要强化手段。

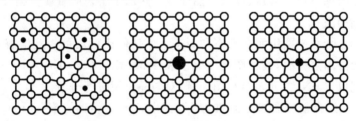

图 1.27　固溶体晶格畸变示意图

　　(2)金属化合物。

　　组成合金的两个元素,当它们在化学元素周期表中的位置相距较远时,往往容易形成化合物。金属材料中的化合物有金属化合物和非金属化合物两类。

　　凡是由相当程度的金属键结合,并具有明显金属特性的化合物,均为金属化合物。金属化合物是合金组元间发生相互作用而形成的一种新相,其晶格类型和性能不同于任一组元,具有复杂的晶体结构,其熔点高、硬度高而脆性大。金属化合物是很多金属材料中的一种基本组成相,如钢中的渗碳体(Fe_3C),黄铜中的相(CuZn)。

凡是没有金属键结合,并且又没有金属特性的化合物,均为非金属化合物,如碳钢中依靠离子键结合的 FeS 和 MnS 都是非金属化合物。非金属化合物是合金原料或熔炼过程中带入的杂质,数量较少,但对合金性能的影响较坏,故又称为非金属夹杂物。

金属化合物的晶体结构与组成化合物的各组元的晶体结构完全不同,如 VC 是由钒原子和碳原子组成的金属化合物,其晶体结构如图 1.28 所示,碳原子规则地嵌入由钒原子组成的面心立方晶格的空隙中。

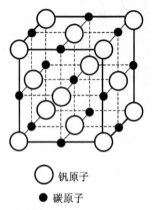

○ 钒原子

● 碳原子

图 1.28　VC 晶体结构

二、二元合金相图

合金的组织及其形成过程比纯金属的复杂。不同合金系中的合金,在固态下的显微组织必然不同,而同一合金系中的合金,由于成分及其所处的温度不同,在固态下也将形成不同的显微组织。因此合金相图可以很好地解决这个问题。

合金相图是在平衡状态下,合金组织与成分、温度之间平衡关系的图形。当一定成分的合金在一定温度下停留足够长的时间,使所存在的各相达到几乎互不转化的状态,则可以认为合金处于平衡状态,这时的相称为平衡相。

从合金相图中,不仅可以看到不同成分的合金在室温下的平衡组织,而且还可以了解某一合金从高温液态以极缓慢的速度冷却到室温所经历的各种相变过程。同时,利用合金相图还能预测合金性能的变化规律。所以,合金相图已经成为研究合金中各种组织的形成和变化规律的有效工具。在生产实践中,合金相图是正确制定冶炼、铸造、锻造、焊接及热处理等热加工工艺的重要依据。

1. 匀晶相图

凡二元合金系中两组元在液态和固态下以任何比例均可相互溶解,即在固态下能形成无限固溶体时,其相图属于匀晶相图,如 Cu-Ni、Fe-Cr、Au-Ag 等二元合金相图。现以 Cu-Ni 二元合金相图为例,对匀晶相图进行分析。

Cu-Ni 二元合金相图如图 1.29 所示,图中 A 点为纯铜的熔点(1083 ℃);B 点为纯镍的熔点(1455 ℃)。A1B 线为液相线,表示各成分的 Cu-Ni 二元合金在冷却过程中开始结晶或在加热过程中熔化终了的温度;A2B 线为固相线,表示各成分的 Cu-Ni 二元合金在冷却过程中结晶终了或在加热过程中开始熔化的温度。液相线和固相线将整个合金相图分为三个区域,在液相线以上是单相的液相区,用符号 L 表示;在固相线以下是单相的固溶体相区,用符号 α 表示;在液相线和固相线之间是液相和固溶体两相共存区,即结晶区,用符号 L+α 表示。

现以 Ni 的质量分数为 40% 的 Cu-Ni 二元合金为例,对其结晶过程进行分析。由图 1.29 可见,该合金的结晶线与液相线和固相线分别相交于 1 点和 2 点,即该合金在 1 点所对应的温度开始结晶,在 2 点所对应的温度结晶终了。当合金自高温液态缓慢冷却到 1 点温度时,开始从液相中结晶出 α 固溶体,随着温度的降低,α 固溶体的量不断增多,剩余液相的量不断减少。当温度降低到 2 点温度时,合金结晶终了,获得了 Cu 和 Ni 组成的单相 α 固溶体组织,如图 1.30 所示。

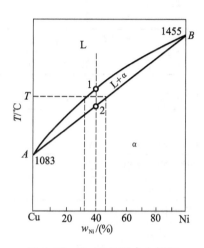

图 1.29　Cu-Ni 二元合金相图

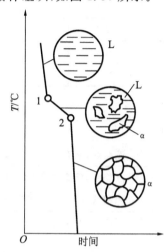

图 1.30　40% 的 Ni 的 Cu-Ni 合金结晶示意图

2. 共晶相图

凡二元合金系中两组元在液态下完全互溶,在固态下形成两种不同固相,并发生共晶转变的,其相图属于共晶相图,如 Pb-Sn、Pb-Sb、Al-Si、Ag-Cu 等二元合金相图。共晶转变是指一定成分的液相在一定温度下,同时结晶出两种不同固相的机械混合物的转变。现以 Pb-Sn 二元合金相图为例,对共晶相图进行分析。

图 1.31 为 Pb-Sn 二元合金相图,图中 α 表示 Sn 在 Pb 中溶解所形成的固溶

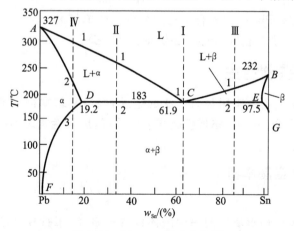

图 1.31　Pb-Sn 二元合金相图

体,β 表示 Pb 在 Sn 中溶解所形成的固溶体。相图中各特性点分析如表 1.3 所示;相图中各特性线分析如表 1.4 所示。

表 1.3　Pb-Sn 二元合金相图中的特性点

特性点	温度/℃	Sn 的质量分数/(%)	含　义
A	327	0	纯铅的熔点
B	232	100	纯锡的熔点
C	183	61.9	共晶点
D	183	19.2	α 固溶体的最大溶解度点
E	183	97.5	β 固溶体的最大溶解度点

表 1.4　Pb-Sn 二元合金相图中的特性线

特性线	含　义
AC	液相线,液态合金在冷却到 AC 线温度时开始结晶出 α 固溶体
BC	液相线,液态合金在冷却到 BC 线温度时开始结晶出 β 固溶体
AD	固相线,合金在冷却到 AD 线温度时 α 固溶体结晶终了
BE	固相线,合金在冷却到 BE 线温度时 β 固溶体结晶终了
DCE	共晶线,液相在冷却到共晶线温度(183 ℃)时将发生共晶转变
DF	溶解度线,表示 α 固溶体的溶解度随温度变化的规律
EG	溶解度线,表示 β 固溶体的溶解度随温度变化的规律

液相在冷却到共晶线温度(183 ℃)时将发生共晶转变,形成由 α 固溶体和 β 固溶体组成的两相机械混合物组织,称为共晶体或共晶组织。共晶转变用下式表示:

$$L_C \xrightarrow{183\ ℃} (\alpha_D + \beta_E)$$

上述相界线将 Pb-Sn 二元合金相图分成三个单相区 L、α、β,三个两相区 L+a、L+β、α+β 及一个三相区 L+α+β(共晶线 DCE)。

1.1.4　铁碳合金

钢铁是现代工业中应用最为广泛的金属材料,其基本组元是铁和碳两个元素,故称为铁碳合金。因此,掌握铁碳合金成分、组织及性能之间的关系对生产有重要的指导意义。

一、铁碳合金基本相

1. 铁素体

碳溶于 α-Fe 中所形成的间隙固溶体称为铁素体,用符号 F 表示。铁素体仍然保持 α-Fe 的体心立方晶格。由于体心立方晶格的晶格空隙很小,所以 α-Fe 的溶解能力很低,在 727 ℃时溶碳量最大,可达 0.0218％。随着温度的下降,溶碳量逐渐减小,在 600 ℃时约为 0.0057％,室温几乎为零。因此,铁素体的性能几乎和纯铁的相同,即强度和硬度低,塑性和韧性好。铁素体的显微组织与纯铁相相同,在显微镜下观察,呈明亮的多边形晶粒组织。

2. 奥氏体

碳溶于 γ-Fe 中所形成的间隙固溶体称为奥氏体,用符号 A 表示。奥氏体仍然保持 γ-Fe 的面心立方晶格。由于面心立方晶格空隙比体心立方晶格的大,所以 γ-Fe 的溶碳能力大一些。在 1148 ℃时溶碳量最大,可达 2.11％。随着温度下降溶碳量逐渐降低,到 727 ℃时溶碳量为 0.77％。

奥氏体的力学性能与其溶碳量和晶粒大小有关,一般奥氏体的硬度为 170～220 HBW,伸长率为 40％～50％,因此,奥氏体的硬度较低而塑性较好,易于锻压成型。

奥氏体存在于 727 ℃以上的高温范围内,高温下奥氏体的显微组织也是由多边形晶粒构成的,但一般情况下,晶粒较粗大,晶界较平直。

3. 渗碳体

渗碳体的分子式为 Fe_3C,它是一种具有复杂晶体结构的金属化合物,渗碳体中碳的质量分数为 6.69％,熔点约为 1227 ℃,硬度很高(800 HBW),但塑性和韧性几乎为零,脆性很大。渗碳体不发生同素异构转变,却有磁性转变,在 230 ℃以下具有弱的铁磁性。

渗碳体的组织形态很多,在铁碳合金中与其他相共存时,可以呈片状、粒状、网状或板条状。渗碳体是碳钢中的主要强化相,它的数量、形态、大小与分布对钢的性能有很大影响。渗碳体是一种亚稳定相,在一定条件下可以发生分解,形成石墨。

4. 珠光体

珠光体是由铁素体(F)和渗碳体(Fe_3C)组成的两相复合物或机械混合物,用符号 P 表示。碳的质量分数为 0.77％,由于它是软、硬两相的混合物,因此,其性能介于铁素体和渗碳体之间,即:有足够的强度、塑性和硬度。

5. 莱氏体

碳的质量分数为 4.3％的液态铁碳合金,冷却到 1148 ℃时,在液体中同时结晶出奥氏体和渗碳体(Fe_3C)的共晶体(机械混合物)称为莱氏体,用符号 Ld 表示。在 727 ℃以下由珠光体和渗碳体组成的莱氏体,称为低温莱氏体,用 L'd 表示。莱氏体的性能与渗碳体相似,硬度很高,塑性很差,是白铸铁的基本组织。

二、铁碳合金相图

Fe-Fe_3C 相图是指在极其缓慢的冷却条件下,不同成分的铁碳合金的组织状态随温度变化的图解。图 1.32 是铁碳合金的简化相图。

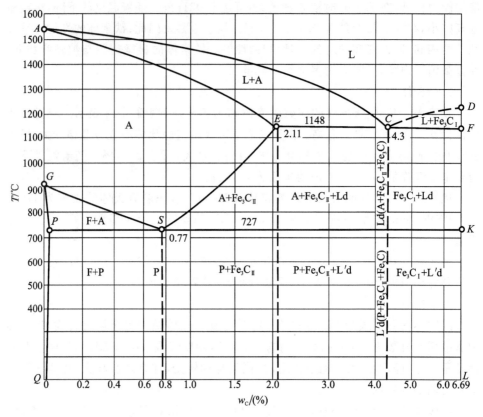

图 1.32　简化后的 Fe-Fe₃C 相图

铁碳合金相图特性点分析如表 1.5 所示。

表 1.5　铁碳合金相图的特性点

特 性 点	温度/℃	碳的质量分数/（%）	含　义
A	1538	0	纯铁的熔点
C	1148	4.3	共晶点
D	1227	6.69	渗碳体的熔点
E	1148	2.11	碳在奥氏体中的最大溶解度
G	912	0	纯铁的同素异构变温度
P	727	0.0218	碳在铁素体中的最大溶解度
S	727	0.77	共析点
Q	室温	0.0008	碳在铁素体中的溶解度

铁碳合金相图特性线分析如表 1.6 所示。

表 1.6　铁碳合金相图特性线

特 性 线	含　义
AC	液相线,液态合金冷却到该线时开始结晶出奥氏体
DC	液相线,液态合金冷却到该线时开始结晶出一次渗碳体
AE	固相线,奥氏体结晶终了线
ECF	共晶线,液态合金冷却到该线时发生共晶转变
ES	碳在奥氏体中的溶解线,常称 A_{cm} 线
GS	奥氏体转变为铁素体的开始线,常称 A_3 线
GP	奥氏体转变为铁素体的终了线
PSK	共析线,常称 A_1 线,奥氏体冷却到该线时发生共析转变
PQ	碳在铁素体中的溶解度线

ECF 线是共晶线,液态合金冷却到 ECF 线温度（1148 ℃）时,将发生共晶转变,即

$$L_C \xrightarrow{1148\ ℃} (A_E + Fe_3C)$$

由奥氏体和渗碳体组成的共晶体（$A_E + Fe_3C$）称为高温莱氏体,用符号 Ld 表示。凡碳的质量分数在 2.11％ 以上的铁碳合金冷却到 1148 ℃,都要发生共晶转变,形成高温莱氏体。

ES 线又称 A_{cm} 线,是碳在奥氏体中的溶解度线,随着温度的变化,奥氏体的溶碳量将沿着 ES 线变化。凡是碳的质量分数在 0.77％ 以上的铁碳合金,自 1148 ℃ 冷却到 727 ℃ 的过程中,都要从奥氏体中析出渗碳体,称为二次渗碳体,用符号 $Fe_3C_{\rm II}$ 表示。

PSK 线又称 A_1 线,是共析转变线。铁碳合金在冷却到改线温度（727 ℃）时,奥氏体将发生共析转变,即一定成分的固相在一定温度下,同时析出两个不同固相的细密机械混合物的转变。其表达式为

$$A_S \xrightarrow{727\ ℃} (F_P + Fe_3C)$$

由铁素体和渗碳体组成的共析体（$F + Fe_3C$）称为珠光体,用符号 P 表示。其碳的质量分数为 0.77％,力学性能介于铁素体和渗碳体之间。

PQ 线是碳在铁素体中的溶解度线。铁碳合金自 727 ℃ 冷至室温的过程中,要从铁素体中析出渗碳体,称为三次渗碳体,用符号 $Fe_3C_{\rm III}$ 表示。

通过对铁碳相图的分析,结合所学相图的基本知识,能够很容易地看出铁碳相图中各区域的组分,如表 1.7 所示。

表 1.7　铁碳合金相图各相区的组分

相 区 范 围	相 组 分
ACD 线以上	L
AESGA	A
GPQG	F
AECA	L＋A
DCFD	L＋ Fe_3C
GSPG	A＋F
ESKFE	A＋ Fe_3C
PSK 线以下	F＋ Fe_3C
ECF 线	L＋A＋ Fe_3C
PSK 线	A＋F＋Fe_3C

三、铁碳合金分类

在 $Fe-Fe_3C$ 相图中,按碳的质量分数和室温平衡组织的不同,铁碳合金分为工业纯铁、钢和白铸铁三类,如表 1.8 所示。

表 1.8　铁碳合金分类

合金类别	工业纯铁	钢			白 铸 铁		
		亚共析钢	共析钢	过共析钢	亚共晶白铸铁	共晶白铸铁	过共晶白铸铁
碳的质量分数/(%)	≤0.0218	0.0218～0.77	0.77	0.77～2.11	2.11～4.3	4.3	4.3～6.69
室温组织	F	F＋P	P	P＋ Fe_3C_{II}	P＋ Fe_3C_{II} ＋L'd	L'd	L'd＋Fe_3C_I

四、铁碳合金相图的应用

铁碳相图从客观上反映了钢铁材料的组织随化学成分和温度变化的规律,因此,在工程上为选材及制定铸造、锻造、焊接、热处理等热加工工艺提供了重要的理论依据。

1.在选材方面的应用

各种工程结构需要塑性和韧性好的材料,应选用低碳钢;各种机械零件需要综合力学性能好的材料,应选用中碳钢;各种工具需要高硬度、高耐磨性的材料,应选用高碳钢。白铸铁硬度高,耐磨性好,但切削加工困难,适合生产耐磨、不受冲击、形状复杂的铸件,如冷轧辊、火车车轮、犁铧等。另外,白铸铁还可用于生产可锻铸铁。

2. 在制定热加工工艺方面的应用

根据铁碳合金相图可以找出不同成分的铁碳合金的熔点,从而确定合适的熔化温度和浇注温度。

从铁碳相图中可以看出,白铸铁的组织主要是莱氏体,硬度高,脆性大,不适合于压力加工,而钢的高温固态组织为单相奥氏体,强度低、塑性好,易于锻压成型。因此,钢材的锻造或轧制应选择在单相奥氏体的温度范围内进行。一般始锻温度不宜太高,以免钢材氧化严重,甚至发生奥氏体晶界部分熔化,使工件报废。终锻温度也不能过低,以免钢材塑性变差,导致工件开裂。

必须指出,铁碳相图是在平衡(即无限缓慢地加热或冷却)条件下测定的,与实际生产条件下铁碳合金组织的变化规律有一定的差距。而且,生产上使用的铁碳合金,除铁、碳两个元素外,还有其他元素的存在,这些元素将对铁碳相图产生影响。

1.1.5　热处理

钢的热处理是指将钢在固态范围内采用适当的方式进行加热、保温和冷却,以改变其组织,从而获得所需要性能的一种工艺方法。

各种机器零件或工具通过热处理可以提高其质量,减轻重量,降低成本,而且能大大地提高使用寿命,现代机床工业中有 60%～70% 的零件、汽车拖拉机工业中有 70%～80% 的零件均要进行热处理,所以热处理是强化钢材,使其发挥潜在能力的重要方法,是提高产品质量和寿命的主要途径。

热处理的方法很多,但任何一种热处理工艺都是由加热、保温和冷却三个阶段组成的,通常可在温度-时间坐标图中用图形表示,称为热处理工艺曲线,如图 1.33 所示。因此,要了解各种热处理方法对钢的性能的改变情况,必须先了解钢的组织在加热、保温和冷却过程中的变化规律。

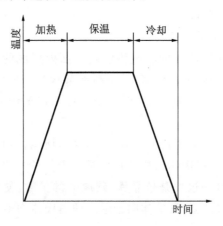

图 1.33　热处理工艺曲线

一、加热时的组织转变

为了使钢件在热处理后能获得所需的性能,对于大多数热处理工艺,如淬火、正火、退火等都要将钢件加热到高于临界温度,以获得全部或部分奥氏体组织并使之均匀化,这个过程称为奥氏体化。

1. 奥氏体的形成过程

由图 1.34 可知,将钢加热到 Ac_1 温度时会发生珠光体向奥氏体的转变;亚共析钢加热到 Ac_3 温度时,先析铁素体将完成向奥氏体的转变;过共析钢加热到 Ac_{cm} 温度时,二次渗碳体将完成向奥氏体的溶解。

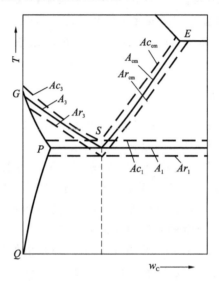

图 1.34　加热、冷却时钢的相变点

奥氏体化过程是通过奥氏体晶核的形成和长大来实现的。珠光体向奥氏体的转变可分为以下三个阶段。

(1)奥氏体晶核的形成与长大。

奥氏体的晶核是在铁素体的渗碳体的相界面处形成的。这是因为相界面处原子排列混乱,空位和位错密度较高,处于高能量状态。另外,奥氏体中碳的质量分数介于铁素体与渗碳体之间,故在两相交界处形成奥氏体晶核的条件最合适,如图 1.35(a)所示。

奥氏体晶核形成以后逐渐长大,如图 1.35(b)所示。由于它的两侧分别与铁素体和渗碳体相邻,所以奥氏体晶核的长大是奥氏体的相界面同时向铁素体和渗碳体中推移的过程。这一过程是依靠铁、碳原子的扩散,使铁素体的体心立方晶格不断改组为面心立方晶格,渗碳体向新形成的奥氏体中不断溶解来完成的。

(2)残余渗碳体的溶解。

由于渗碳体的晶体结构及碳的质量分数与奥氏体相差很大,所以渗碳体向奥氏体中的溶解必然落后于铁素体向奥氏体的转变,即在铁素体全部消失后,仍有部分渗碳体尚未溶解,这部分渗碳体被称为残余渗碳体,如图1.35(c)所示。这部分残余渗碳体将随着温度的升高或保温时间的增长继续向奥氏体中溶解,直至全部消失为止。

(3)奥氏体均匀化。

当残余渗碳体全部溶解后,奥氏体中碳原子的分布仍然是不均匀的,原渗碳体区域碳的质量分数高,原铁素体区域碳的质量分数低。只有继续升高温度或延长保温时间,通过碳原子的扩散,才能使奥氏体的成分趋于均匀化,如图1.35(d)所示。

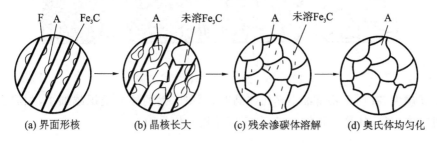

(a)界面形核　　　(b)晶核长大　　　(c)残余渗碳体溶解　　　(d)奥氏体均匀化

图1.35　共析碳钢奥氏体化过程示意图

2. 奥氏体的晶粒大小及其影响因素

奥氏体晶粒的大小直接影响到随后冷却转变产物的晶粒大小及性能。加热时获得的奥氏体晶粒越细小,冷却转变的产物组织也越细小,其强度、塑性、韧性比较好。反之,则其性能较差。

(1)奥氏体晶粒度。

晶粒度是表示晶粒大小的一种尺度。奥氏体的晶粒大小可用晶粒平均直径或晶粒级别两种方式表示。生产上常根据标准的晶粒大小级别图,用比较的方法确定晶粒大小的级别,晶粒大小通常分为8级,其中1~4级为粗晶粒,5~8级为细晶粒,如图1.36所示。

在加热过程中,奥氏体的晶粒长大倾向取决于钢的成分和冶金条件。当珠光体向奥氏体转变刚刚完成时,奥氏体晶粒一般比较细小而均匀,其大小称为奥氏体起始晶粒度。但随着温度进一步升高,时间延长,奥氏体晶粒将不断长大,当在某一具体加热条件下开始冷却时所得到的实际晶粒大小,称为实际晶粒度。实际晶粒度直接影响钢热处理后的组织和性能。例如,用高碳工具钢制造的工具,淬火加热时奥氏体晶粒粗大,具有这种马氏体组织的工具在使用时容易崩刃,而具有粗大马氏体组织的模具在使用中则易开裂和崩断。

(2)影响奥氏体晶粒大小的因素。

加热温度越高,保温时间越长,奥氏体晶粒越粗大,晶界数量越少,组织就越稳定。与此同时,加热速度越快,转变的温度区间越高,原子的活动能力越强,形

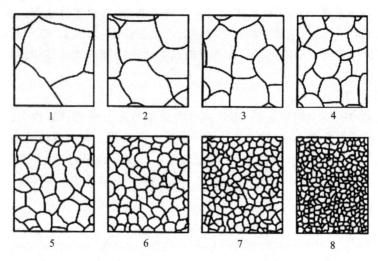

图 1.36　钢的标准晶粒度等级图

核率就越大,有利于获得细小奥氏体晶粒。另外,钢的原始组织越细小,相界面的数量越多,奥氏体形核率增加,有利于细化奥氏体晶粒。

二、冷却时的组织转变

冷却过程是钢热处理的关键,它对控制钢在冷却后的组织和性能有决定性的作用。实践表明,同一种钢在相同的加热条件下获得奥氏体组织,但以不同的冷却条件冷却后,钢的力学性能有明显差异。

1. 过冷奥氏体及其转变方式

奥氏体在 Ar_1 温度以下处于不稳定状态,必然要发生相变。但过冷到 Ar_1 温度以下的奥氏体并不是马上发生转变,二是要经过一段孕育期后才开始转变。这种在孕育期暂时存在的、处于不稳定状态的奥氏体称为过冷奥氏体。

在生产中,常用的过冷奥氏体转变方式有两种:等温转变和连续冷却转变。

2. 共析碳钢过冷奥氏体等温转变

图 1.37 所示是共析碳钢过冷奥氏体等温转变图。图中曲线呈"C"字形,通常又称 C 曲线。C 曲线中,左边的一条 C 曲线为过冷奥氏体等温转变开始点的连接线,称为转变开始线,右边的一条为等温转变终了点的连接线,称为转变终了线。在转变开始线的左方是过冷奥氏体区,在转变终了线的右方是转变产物区,两条曲线之间是转变区。在 C 曲线的下部有两条水平线,一条为马氏体转变开始线(以 M_s 表示),另一条为马氏体转变终了线(以 M_f 表示)。在 A_1 温度线以上,奥氏体处于稳定状态。在 A_1 温度线以下,过冷奥氏体在各个温度下进行等温转变时,都要经过一段孕育期(以转变开始线与纵坐标之间的水平距离表示),孕育期越长,过冷奥氏体越稳定,反之则不稳定。孕育期的长短随过冷度的不同而变化,在靠近 A_1 线处,过冷度较小,孕育期较长。随着过冷度增大,孕育期逐渐缩短,约在

550 ℃时孕育期最短。此后孕育期又随着过冷度的增大而增长。孕育期最短处，即在 C 曲线的"鼻尖"处，过冷奥氏体最不稳定，转变最快。

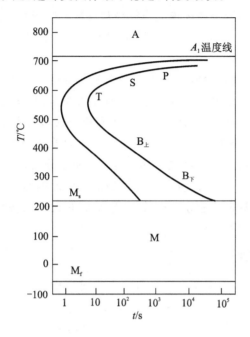

图 1.37 共析碳钢等温转变图

过冷奥氏体在 A_1 温度下的不同温度范围内，可发生三种不同类型的转变：高温珠光体型转变、中温贝氏体型转变和低温马氏体型转变。

（1）珠光体型转变。

珠光体转变发生在 $A_1 \sim 550$ ℃温度范围内，也称为高温转变，其过程既要进行晶格的改组又要进行铁、碳原子的扩散，是一个固态下形核和长大的过程。珠光体型转变的产物为层片珠光体型组织，其层间距随着过冷度的增大而减小。按层间距的大小，珠光体型组织一般分为珠光体，用符号 P 表示，其层间距在 $0.3~\mu m$ 以上；索氏体，用符号 S 表示，其层间距在 $0.1 \sim 0.3~\mu m$ 范围内；托氏体，用符号 T 表示，其层间距在 $0.1~\mu m$ 以下。层片状珠光体型组织的力学性能主要取决于层间距，层间距越小，其力学性能越好。

（2）贝氏体型转变。

过冷奥氏体在 C 曲线"鼻尖"至 M_s 线的温度范围内将发生贝氏体型转变。贝氏体是由含碳量过饱和的铁素体与碳化物组成的混合物。贝氏体转变属于半扩散型相变，只有碳原子扩散，铁原子不扩散。转变温度不同，形成的贝氏体组织形态也明显的不同。贝氏体一般可分为上贝氏体（$B_上$）和下贝氏体（$B_下$）两种。上贝氏体的力学性能较差，生产上很少使用，而下贝氏体则具有较高的综合力学性能。在生产中可采用等温淬火的方法来获得下贝氏体（$B_下$）。

（3）马氏体型转变。

当奥氏体过冷到 M_s 点以下时即发生马氏体转变，其转变产物为马氏体，用符号 M 表示。马氏体转变是在极快的连续冷却过程中进行的，马氏体中碳的质量分数与原奥氏体中碳的质量分数是相同的，即马氏体是碳在 α-Fe 中的过饱和固溶体。

当奥氏体中碳的质量分数大于 1.0% 时，所形成的马氏体呈片状；当奥氏体中碳的质量分数小于 0.2% 时，所形成的马氏体呈板条状；当奥氏体中碳的质量分数在 0.2%～1.0% 之间时，则形成片状马氏体和板条状马氏体混合组织。

马氏体的强度和硬度主要取决于马氏体中碳的质量分数，马氏体中碳的质量分数增加，其强度与硬度也会随之增加。当碳的质量分数超过 0.6% 时，这种增加的趋势就变得平缓了。造成强度与硬度提高的主要原因是固溶强化，而马氏体的塑性和韧性也与其碳的质量分数有关，一般片状马氏体的塑性和韧性较差，板条状马氏体的塑性和韧性较好。

三、钢的热处理分类

在机器零件、工具、模具等工件的加工制造过程中，一般都需要经过各种冷热加工，并且在工序之间往往需要穿插各种热处理工序。在生产中常把热处理分为预备热处理和最终热处理两类。为了消除前道工序造成的缺陷，或者为之后的加工及最终热处理作准备的热处理称为预备热处理；为了使工件满足使用条件下的性能要求而进行的热处理称为最终热处理。

1. 预备热处理

（1）退火。

退火是将钢加热到适当温度，保温一定时间，然后缓慢冷却的热处理工艺。退火主要用于铸、锻、焊毛坯或半成品零件，作为预备热处理，退火后可获得珠光体型组织。退火的主要目的是：降低钢件的硬度，以利于切削加工，消除内应力，以防止钢件变形与开裂；细化晶粒，改善组织，为零件的最终热处理做好组织准备。根据钢的成分和退火目的的不同，常用的退火方法有完全退火、等温退火、球化退火、均匀化退火和去应力退火等。

①完全退火。

完全退火是将钢件加热到 Ac_3 以上 30～50 ℃保温一定时间，随炉冷至 600 ℃以下，再出炉空冷的退火工艺。完全退火可以获得接近平衡状态组织的退火工艺。其目的是使热加工所造成的粗大、不均匀组织均匀细化，消除组织缺陷和内应力，降低硬度和改善切削加工性能。

完全退火主要用于亚共析成分的各种碳钢、合金钢的铸件、锻件、热轧型材和焊接结构件的退火。过共析钢不宜采用完全退火，以避免二次渗碳体以网状形式沿奥氏体晶界析出，给切削加工和以后的热处理带来不利影响。完全退火所需时间较长,是一种费时的工艺,生产中常采用等温退火工艺。

②等温退火。

等温退火是将钢件加热到 Ac_3(或 Ac_1)温度以上,保温一定时间后,以较快的速度冷却到珠光体区域的某一温度并等温,使奥氏体转变为珠光体组织,然后再缓慢冷却的退火工艺。等温退火不仅可以大大缩短退火时间,而且由于组织转变时的工件内外处于同一温度,故能得到均匀的组织和性能。

③球化退火。

球化退火是将过共析钢或共析钢加热至 Ac_1 以上 20～40 ℃保温一定时间,然后随炉缓慢冷到 600 ℃以下出炉空冷的退火工艺。在随炉冷却通过 Ac_1 温度时其冷却速度应足够缓慢,以促使共析钢渗碳体球化。

球化退火的目的是使钢中的渗碳体球状化,以降低钢的硬度,改善可加工性,并为以后的热处理工序做好准备。

④均匀化退火。

均匀化退火是将钢加热到 Ac_3 以上 150～200 ℃长时间保温(10～15 h),然后随炉冷却的退火工艺。由于退火时间长,零件烧损严重,能量耗费很大,易使晶粒粗大。为了细化晶粒,应在工件均匀化退火后进行完全退火或正火。这种工艺主要用于质量要求高的合金钢铸锭、铸件或锻坯。

⑤去应力退火。

去应力退火是将钢加热到 Ac_1 以下 100～200 ℃,保持一定时间后,随炉缓慢冷却到 200 ℃以下出炉空冷的工艺方法。

去应力退火过程中不会发生组织的转变,其目的是为了消除由于形变加工、机械加工、铸造、锻造、热处理、焊接等所产生的残余应力,稳定工件尺寸并防止其变形与开裂。

(2)正火。

正火是将钢件加热到 Ac_3 或 Ac_{cm} 以上 30～50 ℃,保温适当时间后在空气中冷却得到珠光体类组织的热处理工艺。

正火和退火的主要区别是冷却方式不同,前者冷却速度较快,得到的组织比退火的组织细小。因此,正火后的硬度、强度也较高。

正火与退火相比,不但所得组织的力学性能高,而且操作简便,生产周期短,能量耗费少,故在可能的情况下,应优先考虑采用正火处理。

正火一般应用于以下几个方面:

①改善切削加工性能　低碳钢和低碳合金钢退火后一般硬度在 160 HBS 以下,不利于切削加工。正火可提高其硬度,能改善其切削加工性能。

②作为预备热处理　中碳钢和合金结构钢在调质处理前都要进行正火处理,以获得均匀而细小的组织,对于过共析钢,由于正火时的冷却速度较快,二次渗碳体来不及沿奥氏体晶界呈网状析出,消除了网状渗碳体的析出,为球化退火做好

了组织准备。

③作为最终热处理　正火可以细化晶粒,提高力学性能,故对性能要求不高的普通铸件、焊接件及不重要的热加工件可作为最终热处理方式。对于一些大型或重型零件,当淬火有开裂危险时,也可以用正火作为最终热处理方式。

2. 最终热处理

(1)淬火。

淬火的主要目的是为了获得马氏体或贝氏体组织,然后与适当的回火工艺相配合,以得到零件所要求的使用性能。淬火和回火是强化钢材的重要热处理工艺方法。

①淬火加热温度。

钢的淬火温度主要根据钢的临界温度来确定,如图 1.38 所示。一般情况下,亚共析钢的淬火加热温度在 Ac_3 以上 30～50 ℃,可得到全部晶粒的奥氏体组织,淬火后为均匀细小的马氏体组织。若加热温度过高,马氏体组织粗大,使力学性能恶化,同时也增加淬火应力,使变形和开裂的倾向增大;若加热温度在 $Ac_1 \sim Ac_3$ 之间,淬火后的组织为铁素体和马氏体,不仅会降低硬度,而且回火后钢的强度也较低,故不宜采用。

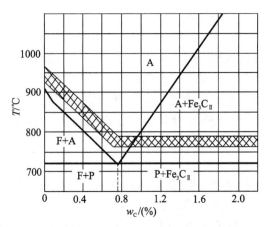

图 1.38　碳钢的淬火加热温度范围

共析钢和过共析钢的淬火加热温度为 Ac_1 以上 30～50 ℃,此时的组织为奥氏体或奥氏体与渗碳体的结合体,淬火后得到细小的马氏体或马氏体与少量渗碳体。由于渗碳体的存在,提高了淬火钢的硬度和耐磨性。

②加热时间。

淬火加热时间由两部分组成,即升温时间和保温时间。工件淬火的加热时间与钢的化学成分、原始组织、工件形状及尺寸、加热介质、加热温度等许多因素有关。生产中常根据工件的有效厚度由经验公式来确定,即

$$\tau = \alpha \times D$$

式中:τ——加热时间,min;

    α——加热系数,min/mm;

    D——工件的有效厚度,mm。

③淬火介质和淬火方法。

生产中常用的淬火介质主要有水、油、盐浴、盐或碱的水溶液。其中水的冷却能力较强,淬火时易使工件发生变形或开裂,适合作为形状简单或奥氏体稳定性较低的碳钢工件的淬火介质;油的冷却能力较弱,有利于减少工件的变形或开裂倾向,适合作为奥氏体稳定性较高的合金钢的淬火介质。

常用的淬火方法有单介质淬火、双介质淬火、马氏体分级淬火和贝氏体等温淬火。

(2)回火。

回火是将淬火钢加热到 Ac_1 以下某一温度,保温一定时间,然后冷却至室温的热处理工艺。回火是淬火的后续工序,目的是获得工件所需组织,以改善性能;消除残留奥氏体,稳定工件尺寸;消除内应力,防止工件变形与开裂。回火温度可根据工件的力学性能要求来选择。按回火温度的不同,回火可分为以下三种类型。

①低温回火。

低温回火的温度范围是 250 ℃以下,所得组织具有高硬度和高耐磨性,且可降低淬火内应力和脆性。低温回火后的硬度一般为 58～64 HRC,主要用于各种切削刃具、量具、冷冲模具、滚动轴承以及渗碳件等。

②中温回火。

中温回火的温度范围是 350～500 ℃,所得组织为回火托氏体。目的是使工件获得高的弹性极限、屈服强度和韧度。中温回火后的硬度一般为 35～50 HRC,主要用于各种弹簧及模具的热处理。

③高温回火。

高温回火的温度范围是 500～650 ℃,所得组织为回火索氏体。习惯上将淬火与高温回火相结合的热处理方式称为调质处理。其目的是获得强度、硬度、塑性与韧性都好的综合力学性能。高温回火的硬度一般为 200～300 HBW,主要用于重要零件的热处理,如汽车、拖拉机、机床中的连杆、螺栓、齿轮及轴类零件等。

应当指出,钢经调质后和正火后的硬度是相近的,但重要的结构零件一般都进行调质处理而不采用正火方式。这主要是由于调质后的组织为回火索氏体,其中的渗碳体呈颗粒状;而正火后的组织为索氏体,渗碳体呈片状。因此,调质处理后,工件不仅强度高,而且塑性和韧性也显著超过了正火状态。

调质处理一般可作为最终热处理方式,但由于调质处理后钢的硬度不高,适于切削加工,并能获得较低的表面粗糙度值,所以调质处理也可以作为表面淬火和化学热处理的预备热处理方式。

1.1.6　热处理新工艺简介

1. 形变热处理

形变热处理是将塑性变形与热处理有机结合在一起的新工艺方法。它能同时获得形变强化和相变强化的综合效果。形变热处理可分为高温形变热处理和低温形变热处理两种。

高温形变热处理是将钢加热到奥氏体化温度以上,保持一定时间后进行塑性变形(锻、轧等),然后立即进行淬火、回火的综合工艺方法。高温形变热处理不仅能提高材料的强度和硬度,还能显著提高其韧性。这种工艺主要用于加工余量较小的锻件或轧件,如利用锻造余热淬火工艺来处理曲轴、连杆等零件,在提高零件强度、硬度的同时,还提高了零件的塑性、韧性及疲劳强度,降低了回火脆性和缺口敏感性,并且简化了工序,降低了成本。

低温形变热处理是将钢加热到奥氏体化温度以上,保持一定时间后迅速冷却至 $500 \sim 600$ ℃之间进行塑性变形,随后进行淬火、回火的综合工艺方法。低温形变热处理是在保证塑性、韧性不降低的条件下,提高零件的强度和耐磨性。这种工艺因变形温度低,要求变形速度快,所以强化效果好,主要用于高速工具钢刀具、模具等。

2. 真空热处理

真空热处理是指将工件置于有一定真空度的加热炉内进行热处理。真空热处理包括真空退火、真空淬火、真空回火及真空化学热处理等,其特点是:

(1)工件在真空中进行热处理,没有氧化、脱碳现象产生,工件表面质量好。

(2)真空中无对流传热,工件升温速度缓慢且均匀,热处理变形小。

(3)工件表面的氧化物、油污等在真空中加热时分解,被真空泵排除,从而可净化工件表面,提高疲劳强度,改善韧性。

(4)节省能源,减少污染,劳动条件好,但成本较高。

3. 可控气氛热处理

工件在炉气成分可以控制的加热炉内进行的热处理称为可控气氛热处理,其主要目的是减少和防止工件在热处理时的氧化和脱碳现象,提高工件的表面质量和尺寸精度,节约金属材料;能够控制渗碳时渗碳层的碳浓度,并且可使脱碳工件重新复碳。

可控气氛热处理设备一般由可控气氛发生器和热处理炉两部分组成。由于热处理的可控气氛类型很多,常用的主要有放热式气氛、吸热式气氛及滴注式气氛等。其中滴注式气氛是利用有机液体(如甲醇、乙醇、丙酮等)混合滴入加热到一定温度、密封良好的炉内,在炉内裂解形成的气氛,该气氛容易获得,不需要增加专用设备,只需在原有加热炉内的基础上加以改进即可。

4. 激光热处理

激光热处理时利用激光束的高能量快速加热工件表面，然后依靠工件自身的导热性冷却而使其淬火强化的热处理工艺方法。激光热处理的特点：加热速度极快，不用淬火介质；可对各种形状复杂零件的局部进行表面淬火，不影响其他部位的组织和表面质量，可控性好；能显著提高工件表面的硬度和耐磨性；工件激光淬火后几乎无变形，表面质量好，且无污染，易实现自动化，但成本较高，安全性较低。

5. 电子束表面淬火

电子束表面淬火是利用电子枪发射的电子束轰击工件表面快速加热，然后依靠工件自身的导热性冷却而使其淬火强化的热处理工艺方法。电子束的能量比激光大很多，能量利用率比激光高。电子束表面淬火质量好，工件基体的性能几乎不受影响，是一种高效率的热处理新技术。

1.2　3D 打印金属粉末及其成型时存在的问题

众所周知，3D 打印工艺与传统加工工艺生产的零件，最大的区别就是制件的结构，其关键创新思路之一是将零件内部设计为网状结构，替代实心结构，从而减少材料使用量，降低制造时间和能源消耗量。如图 1.39 所示，具有内部网状结构的钛合金发动机叶片，材料使用量减少 70%，选择性激光熔化（SLM）制造时间减少 60%。该方法的优势在于传统制造方法无法成型，且内部是网状结构。因此，3D 打印用于金属零件，关键在于材料——金属粉末。因此下面将介绍金属粉末成型的性能特点。

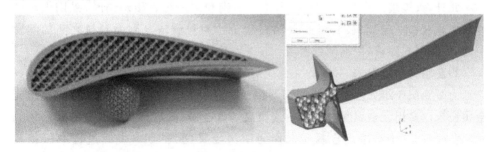

图 1.39　具有内部网状结构的钛合金发动机叶片

1.2.1　金属粉末介绍

1. 单一金属粉末

对于单一的金属粉末，主要用于低熔点金属粉末的烧结，对熔点高的金属粉末，需要在保护气氛下采用大功率激光器。单组元金属粉末一般采用固相烧结方式。为了颗粒有效黏结且避免粉末颗粒熔化，激光能量在粉末颗粒表面达到的温度应尽可能地达到熔点但不超过熔点。这样固相烧结依靠高温下原子沿着颗粒表面、晶界及其他途径扩散传质而形成黏结。黏结发生在邻近颗粒之间的接触区，在表面自由能下降的驱动力下，形成连接颈部，以此达到黏结的目的。

如果温度太高，使粉末熔化太多或完全熔化而成为液相烧结方式，则由于高黏度液相表面张力的影响，熔化的金属趋向于形成一个比金属粉末颗粒大的球形，此称为"球化效应"。球状物的形成造成大量的孔隙，严重影响烧结过程顺利进行和烧结件的性能。目前用这种方法成型的制件会出现明显的球化和集聚现象，不仅会使得制件烧结变形，精度变差；而且还会造成组织结构多孔，导致制件密度低、力学性能差。因此，单组元金属粉末的熔化烧结具有明显的工艺缺陷，往往需要后续处理，不是真正意义上的"直接烧结"。目前研究用 SLS 烧结成功的单一金属粉末主要有 Ag、Sn、Cu、Zn、Pb、Fe 等。

美国 Austin 大学对铁粉的选择性激光烧结进行了试验研究，烧结的零件经热等静压处理（hot isostatic pressing，简称 HIP）后，相对密度高达 90％ 以上。G. Zong 等研究了带气体保护装置的铁粉直接烧结成型，成型后的密度可达到 48％，若要进一步提高其性能，还需进行致密化等其他处理。对单一金属粉末激光烧结成型进行了一系列研究，成功地制造了用于 F1 战斗机和 AIM9 导弹的 NCONEL625 超合金和 Ti6A14 合金的金属零件。美国航空材料公司已成功研究开发了先进的钛合金构件的激光快速成型技术。目前，中国科学院金属所和西北工业大学等单位正致力于高熔点金属的激光快速成型研究，南京航空航天大学也在这方面进行了研究，用 Ni 基合金混铜粉进行烧结成型的试验，成功地制造出具有较大角度的倒锥形状的金属零件。

此外，大连理工大学在 314 奥氏体不锈钢粉末进行直接烧结时，采用大小两种球形颗粒按一定比例混合，在烧结过程中小颗粒能填充到大颗粒之间的间隙中，从而降低孔隙率，提高制件密度。

2. 多组元金属粉末

为了克服单组元金属粉末在 SLS 烧结过程中的缺点，研究人员研究了多组元金属粉末。多组元金属粉末材料一般由高熔点金属、低熔点金属以及某些添加元素混合而成，其中高熔点金属粉末作为结构金属，能在 SLS 烧结过程中保留其固相核心；低熔点金属粉末作为黏结金属，在 SLS 烧结中熔化形成液相，生成的液相包覆、润湿和黏结固相金属颗粒，以此实现烧结致密化。目前，对于多组元金属粉末材料的研究，主要集中于铜基金属粉末、铁基金属粉末以及镍基金属粉末等。

多组元金属粉末烧结一般采用液相烧结方式。多组元金属粉末中典型的粉末是双组元金属粉末。

（1）金属粉末激光烧结。

激光直接烧结金属粉末制造零件工艺还在发展中,目前研究较多的是两种金属粉末混合烧结,其中一种熔点较低,另一种熔点较高。其中高熔点金属称为结构金属;低熔点金属称为黏结金属,充当黏结剂。金属粉末在激光束辐照作用下,使金属粉末材料升温,其烧结温度应高于黏结金属粉末的熔点,而低于结构金属粉末的熔点;激光烧结将低熔点的粉末熔化,熔化的金属将高熔点金属粉末黏结在一起,形成烧结体。

由于烧结好的零件孔隙率高,强度较低,需要经过后处理才能达到较高的强度。

（2）金属粉末压坯烧结。

金属粉末压坯烧结是将高低熔点的两种金属粉末预压成薄片坯料,用适当的工艺参数进行激光烧结,低熔点的金属熔化,流入到高熔点的颗粒孔隙之间,使得高熔点的粉末颗粒重新排列,得到致密度很高的试样。吉林大学用此方法对 FeCu、FeC 等合金进行试验研究,发现压坯激光烧结具有与常规烧结完全不同的致密化现象,激光烧结后的组织随冷却方式而异,空冷得到细珠光体,淬火后得到马氏体和粒状组织。

在多组元金属粉末烧结中,适当的颗粒粒径比、液相对固相的好的润湿性和黏结金属与结构金属适当的配比是烧结成功的前提。如果黏结金属与结构金属的配比太低,易导致流动性不好,润湿不充分,难以重排致密;如果配比太高,则容易造成"球化效应"和变形。

3. 金属粉末和有机黏结剂的混合物

首先将金属粉末和某种黏结剂按一定比例混合均匀,用激光束对混合粉末进行选择性扫描,激光的作用使混合粉末中的黏结剂熔化并将金属粉末黏结在一起,形成金属零件的烧结坯体。再将金属零件坯体进行适当的后处理,整体加热汽化掉黏结材料,接着进行二次烧结来进一步提高金属零件的强度和其他力学性能。这种工艺方法较为成熟,已经能够制造出金属零件,并在实际中得到使用。南京航空航天大学用金属粉末作基体材料（铁粉）,加入适量的黏结剂,烧结成型得到原型件,然后进行后续处理,包括烧失黏结剂、高温焙烧、金属熔渗（如渗铜）等工序,最终制造出电火花加工电极,并用此电极在电火花机床上加工出三维模具型腔。

1.2.2　金属粉末成型时存在的问题

SLS 直接烧结金属粉末还存在不够完善的问题,如目前制造的三维零件普遍存在强度不高、精度较低及表面质量较差等问题。SLS 烧结过程中涉及很多参数（如材料的物理与化学性质、激光参数和烧结工艺参数等）,这些参数影响着烧结过程、成型精度和质量。零件在成型过程中,由于各种材料因素、工艺因素等的影响,会使烧结件产生各种冶金缺陷(如裂纹、变形、气孔、组织不均匀等)。

1. 粉末材料的影响

粉末材料的物理特性,如粉末粒度、密度、热膨胀系数以及流动性等,对零件中的缺陷形成具有重要的影响。粉末粒度和密度不仅影响成型件中缺陷的形成,还对成型件的精度和粗糙度有着显著的影响。粉末的膨胀和凝固机制对烧结过程的影响可导致成型件孔隙增加和抗拉强度降低。

2. 工艺参数的影响

激光烧结工艺参数,如激光功率、扫描速度和方向及间距、烧结温度、烧结时间以及层厚度等对层与层之间的黏接、烧结体的收缩变形、翘曲变形甚至开裂都会产生影响。上述各种参数在成型过程中往往是相互影响的,如 Yong Ak Song 等研究表明降低扫描速度和扫描间距或增大激光功率可减小表面粗糙度,但扫描间距的减小会导致翘曲趋向增大。因此,在进行最优化设计时就需要从总体上考虑各参数的优化,以得到对成型件质量的改善最为有效的参数组。目前制造出来的零件存在着致密度、强度及精度较低,力学性能和热学性能不能满足使用要求等一些问题。这些成型件不能作为功能性零件直接使用,需要进行后处理(如热等静压 HIP、液相烧结 LPS、高温烧结及熔浸)后才能投入实际使用。此外,还需注意的是,由于金属粉末的 SLS 温度较高,为了防止金属粉末氧化,烧结时必须将金属粉末封闭在充有保护气体的容器中。

3. 后处理影响

利用 SIS 虽可直接成型金属零件,但成型件的力学性能和热学性能还不能很好地满足直接使用的要求,经后处理后可明显得到改善,对尺寸精度有所影响。

1.3 3D 打印常用金属材料及金属粉末烧结的未来发展

1.3.1 3D 打印常用金属材料

1. 不锈钢

在腐蚀介质中具有抵抗腐蚀能力的钢称为不锈钢,与碳钢不同,目前的铬含量不同,10.5%铬含量最低的钢合金,不锈钢不容易生锈腐蚀。奥氏体不锈钢316L,具有高强度和耐腐蚀性,可在很宽的温度范围下降到低温,可应用于航空航天、石化等多种工程应用,也可以用于食品加工和医疗等领域。

(1)不锈钢的分类。

目前,生产上常用的不锈钢,按其组织状态可分为马氏体不锈钢、铁素体不锈钢和奥氏体不锈钢三类,其牌号、热处理、力学性能及用途如表 1.9 所示,广泛应用于航空航天、石化、化工、食品加工、造纸和金属加工业。

表 1.9　常用不锈钢的牌号、热处理、力学性能及用途

类别	牌　号	热处理方法	力学性能				用途举例
			σ_b/MPa	δ_5/(%)	Ψ/(%)	HBW	
奥氏体型	1Cr18Ni9	固溶处理：1010～1150 ℃ 快冷	520	40	60	187	制造建筑用装饰部件、管道、吸收塔
	0Cr18Ni9						制造食品及原子能工业用设备
	1Cr18Ni9Ti	固溶处理：920～1150 ℃ 快冷	520	40	50	187	制造医疗器械、耐酸容器及输送管道
铁素体型	1Cr17	退火：780～850 ℃ 空冷或缓冷	450	22	60	183	制造重油燃烧部件、家用电器部件及建筑内饰品
	1Cr17Mo						汽车外装饰等
	00Cr30Mo2	退火：900～1050 ℃ 快冷	450	20	45	228	制造有机酸设备、苛性碱设备
马氏体型	1Cr13	淬火：950～1000 ℃油冷 回火：700～750 ℃快冷	540	25	55	159	制造汽轮机叶片、水泵轴、阀门、刃具
	2Cr13	淬火：920～980 ℃油冷 回火：600～750 ℃快冷	637	20	50	192	制造汽轮机叶片
	3Cr13		735	12	40	217	制造阀门、阀座、喷嘴、刃具
	7Cr13	淬火：950～1000 ℃油冷 回火：700～750 ℃快冷	—	—	—	54HRC	制造刃具、量具、轴承、手术刀片
	3Cr13Mo	淬火：1025～1075 ℃油冷 回火：200～300 ℃油、水、空冷	—	—	—	50HRC	制造阀门、轴承、热油泵轴、医疗器械零件

　　马氏体不锈钢中碳的质量分数一般在 0.1%～0.4% 范围内,铬的质量分数在 11.5%～14% 范围内,属于铬不锈钢,通常称为 Cr13 型不锈钢,因淬火后能得到马氏体,故又称为马氏体不锈钢。其中 1Cr13 和 2Cr13 钢中碳的质量分数较低,塑性、韧性好,并具有良好的抵抗大气、海水、蒸汽等介质腐蚀的能力,适于制造在腐蚀条件下受冲击载荷作用的结构零件,如汽轮机叶片、水压机阀等,这两种钢的最终热处理一般为调质处理;3Cr13 和 7Cr13 钢中碳的质量分数较高,经淬火和低温回火后,其硬度可达 50 HRC,适于制造医疗手术工具、量具、弹簧及滚动轴承。

铁素体不锈钢中碳的质量分数一般在 0.12% 以下,铬的质量分数在 12%～30% 范围内,也属于铬不锈钢。这类钢具有单相铁素体组织,其耐腐蚀性、塑性及焊接性能均高于马氏体不锈钢,有较强的抗氧化能力,但强度低。主要用于制造化学工业中要求耐腐蚀的零件。

奥氏体不锈钢中铬的质量分数在 17%～19% 范围内,镍的质量分数在 8%～11% 范围内,属于铬镍不锈钢,通常称为 18-8 型不锈钢。这类钢碳的质量分数低,铬、镍的质量分数高,经热处理后,呈单相奥氏体组织,无磁性,其塑性、韧性和耐腐蚀性均高于马氏体不锈钢,有较高的化学稳定性,焊接性能良好。主要用于制造在强腐蚀性介质中工作的部件,经冷变形强化后也可作为某些结构材料。

(2)不锈钢用于 3D 打印。

目前,应用于金属 3D 打印的不锈钢主要有三种:奥氏体不锈钢 316L、马氏体不锈钢 15-5PH、马氏体不锈钢 17-4PH。

奥氏体不锈钢 316L,具有高强度和耐腐蚀性,可应用于航空航天、石化、食品加工和医疗等领域。

马氏体不锈钢 17-4PH,在高达 315 ℃下仍具有高强度、高韧性,而且耐腐蚀性超强,随着激光加工状态具有良好的延展性。

马氏体不锈钢 15-5PH,又称马氏体时效(沉淀硬化)不锈钢,具有很高的强度、良好的韧性、耐腐蚀性,而且可以进一步的硬化,是无铁素体。目前,广泛应用于航空航天、石化、化工、食品加工、造纸和金属加工业。常见不锈钢粉末的成分及性能如表 1.10 所示。

表 1.10　不同牌号不锈钢粉末的特点分析表

	不锈钢粉末 316L	不锈钢粉末 17-4PH(GP1)	不锈钢粉末 15-5PH(PH1)
化学成分 (质量%)	C%=0.03%;Cu%=0.5%; Cr%=17.5%～18%; Ni%=3%～5%; Mo%=2.25%～2.5%; Si%=0.75%;Mn%=2.0%; P%=0.025%;S%=0.01%; 其余为 Fe	C%=0.01%;Cu%=3%～5%; Cr%=15%～17%; Ni%=3%～5%;Mn%=1.0%; Si%=1.0%;Mo%=1.0%; 其余为 Fe	C%=0.07%;Mo%=1.0%; Cr%=14%～15.5%; Ni%=3.5%～5.5%; Cu%=2.5%～4.5%; Si%=1.0%; 其余为 Fe
特点	抗腐蚀,延展性好,成型件可再次切削、锻打和抛光	耐磨耐腐蚀性好,极好的硬度和抗拉强度,成型件可进行后期加工	强度极高,硬度可达 45 HRC;耐腐蚀;成型后的产品可以切削,放电加工,焊接,锻打,抛光和镀膜
用途	适用于医疗、消费品、汽车和航空工业等领域	适用于医疗器械生产制造(如外科手术器械、整形器械、内视镜等)	适合医疗、航空及其他工程领域中需要高硬度和高强度的产品,功能性样件

　　图 1.40 是不锈钢粉末用于 3D 打印的石油天然气泥浆泵,可实现在恶劣的环境下工作,应用了不锈钢具有较高的耐腐蚀性。图 1.41 是 3D 打印与热等静压结合制造高性能不锈钢零件:不锈钢整体涡轮盘,成型的不锈钢整体涡轮盘相对致密度达 99.5％,室温力学性能优于美国 ASTM 锻件标准。

图 1.40　不锈钢粉末打印的石油天然气泥浆泵
(图片来源:www.3ddayin.net)

图 1.41　不锈钢整体涡轮盘

2. 钛及钛合金

(1)钛。

　　钛是一种银白色的过渡金属,其特征为重量轻、强度高、具金属光泽,亦有良好的抗腐蚀能力(包括抗海水、王水及氯气腐蚀),抗腐蚀性比铝合金、不锈钢及镍合金还要高。由于其稳定的化学性质,良好的耐高温、耐低温、抗强酸、抗强碱,以及高强度、低密度,被美誉为"太空金属"。钛于 1791 年由格雷戈尔于英国康沃尔郡发现,并由克拉普罗特用希腊神话的泰坦为其命名。

钛具有同素异构转变现象,在 882 ℃ 以下为密排六方晶格,称为 α-Ti,在 882 ℃ 以上为体心立方晶格,称为 β-Ti。

钛是钢与合金中重要的合金元素,钛的密度为 4.508 g/m^3,高于铝而低于铁、铜、镍。但比强度位于金属之首。熔点为 1677 ℃,熔化潜热为 3.7~5.0 千卡/克原子,沸点为 3287 ℃,汽化潜热为 102.5~112.5 千卡/克原子,临界温度为 4350 ℃,临界压力为 1130 大气压。钛的导热性和导电性能较差,近似或略低于不锈钢,钛具有超导性,纯钛的超导临界温度为 0.38 K~0.4 K。

金属钛具有可塑性,纯钛的伸长率可达 50%~60%,断面收缩率可达 70%~80%,但收缩强度低(即收缩时产生的力度)。由于钛中杂质的存在,对其力学性能影响极大,特别是间隙杂质(氧、氮、碳)可大大提高钛的强度,显著降低其塑性。钛作为结构材料所具有的良好力学性能,就是通过严格控制其中适当的杂质含量和添加合金元素而达到的。

钛在高温下极易和空气发生反应,但熔点高达 1668 ℃。在常温下,钛不怕王水和稀硝酸腐蚀,但不耐 5% 以上浓度的硫酸和 7% 浓度的盐酸腐蚀。钛不怕常温的海水,有人曾把一块钛沉到海底,五年以后取上来一看,上面附着了许多小动物与海底植物,却一点也没有生锈,依旧亮闪闪的。

工业纯钛的牌号用"TA+顺序号"表示,如 TA1 表示 1 号工业纯钛。一般序号越大,杂质的质量分数越大。工业纯钛的牌号、力学性能及用途如表 1.11 所示。

表 1.11 工业纯钛的牌号、力学性能

牌号	抗拉强度/MPa	伸长率/(%)	断面收缩率/(%)	用 途
TA1	343	25	50	用于在 350 ℃ 以下工作,且受力较小的零件,如冲压件、气阀、飞机骨架、发动机部件、柴油机活塞及连杆等
TA2	441	20	40	
TA3	539	15	35	

(2)钛合金。

为提高钛的强度和耐热性能,钛能与铁、铝、钒或钼等其他元素熔成合金,造出高强度的轻合金,钛合金具有如下优良的特性。

①比强度高。钛合金的密度仅为钢的 60%,纯钛的强度接近普通钢的强度,一些高强度钛合金超过了许多合金结构钢的强度。因此钛合金的比强度(强度/密度)远大于其他金属结构材料,可制造出单位强度高、刚性好、质量轻的零部件。目前飞机的发动机构件、骨架、蒙皮、紧固件及起落架等都使用钛合金。

②热强度高。钛合金的使用温度比铝合金高几百度,可在 450~500 ℃的温度下长期工作。而铝合金的工作温度则在 200 ℃以下。

③抗蚀性好。钛合金在潮湿的大气和海水介质中工作,其抗蚀性远优于不锈钢,对点蚀、酸蚀、应力腐蚀的抵抗力特别强。

④低温性能好。钛合金在低温下仍能保持其力学性能。比如 TA7 在 −253 ℃下还能保持一定的塑性。因此,钛合金也是一种重要的低温结构材料。

金属钛及钛合金的特点及用途见表 1.12 所示。

表 1.12　钛及钛合金特点分析表

	钛铝合金粉 Ti48-2-2(又称伽马钛)	纯钛粉 CpTi	钛铝合金粉 Ti6-2-4-2	钛合金粉 Ti64gd23
化学成分	Al%=33%~34%; Fe%=0.04%; N%=0.02%; Cr%=2.2%~2.6%; Nb%=4.5%~5.1%; O%=0.08%; 剩余为钛	N%=0.03%; Fe%=0.2%; H%=0.0125%; O%=0.18%; 剩余为钛	Al%=5.5%~6.5%; N%=0.03%; C%=0.08%; H%=0.0125%; O%=0.13%; 剩余为钛	Al%=5.5%~6.5%; V%=3.5%~4.5%; N%=0.03%; C%=0.08%; Fe%=0.25%; O%=0.13%; 剩余为钛
特点	强度高,抗深压能力优良,耐腐蚀,耐高温,在高温条件下能保持良好的拉张强度,富有延性,适合塑性加工和机械加工	耐腐蚀性能优良,生物相溶性好,密度和弹性接近人骨,又无磁性	机械加工性能好,类似奥氏体不锈钢,易焊接,高温性能优越,能在 800 华氏度的高温中保持长期稳定	良好的力学性能和耐腐蚀性能,重量轻,易加工
用途	航空发动机零部件,汽车发动机零部件,潜艇零部件	功能性样件,批量生产部件,生物医学移植物	高温发动机部件,燃气轮机压缩机部件,高性能汽车阀门	功能性样件,批量生产部件,航空航天,赛车,生物医学移植物

(3)钛合金用于 3D 打印。

钛合金因为其良好的生物相容性和耐腐蚀等特性,已被广泛应用于医学领域中,成为人工关节、骨创伤、脊柱矫形内固定系统、手术器械等医用产品的首选材料。3D 打印的植入钛合金材料能够根据个人不同的要求进行个性化设计,比如使用 3D 打印技术制作的下颌骨可以完全贴合患者的患处曲线。2011 年,比利时哈瑟尔特大学生物医学研究院研究人员研制了金属下颌骨,使用 LayerWise 公司制造的 3D 打印机,为一名 83 岁的老人安装了一块定制的钛合金下颌骨,如图 1.42 所示。这是全球首例此类型的手术,标志着 3D 打印移植物开始进入临床应用。

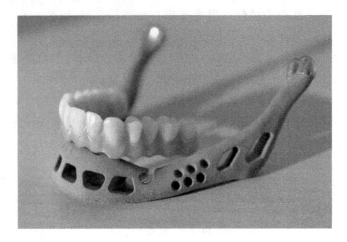

图 1.42　钛合金下颌骨

(图片来源：www.slate.com)

从 20 世纪 50 年代开始,钛合金在航空航天领域中得到了迅速的发展。该应用主要是利用了钛合金优异的力学性能、低密度以及良好的耐腐蚀性。钛合金是当代飞机和发动机的主要结构材料之一,驾驶员座舱和通风道的部件、飞机起落架的支架、机翼等飞机零部件都已经可以使用 3D 打印技术来生产,如图 1.43 所示,由激光 3D 打印成型的内部有复杂结构,表面有微孔的钛合金 Ti6Al4V 飞机叶片。整体成型的 Ti6Al4V 零件的致密度达到 99.99％,性能指标超过同质锻件标准。

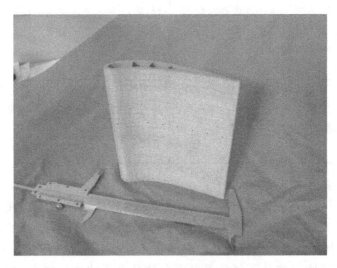

图 1.43　利用 3D 打印技术制成的钛合金飞机叶片

钛易于阳极化成各种颜色,这使其能够广泛应用于手表(见图 1.44)和珠宝首饰行业(如图 1.45)。图 1.44 所示为 rvnDSGN 团队利用 3D 打印技术制成的手表。手表的主壳体、边框和表带配件的制作都由 3D 打印 SLS(选择性激光烧结)

来完成。烧结过程中形成了精细的纹理,呈现出由中灰色到深灰色的差异。

图 1.44　3D 打印的钛合金手表

（图片来源：3dprint. ofweek）

图 1.45　3D 打印的钛合金首饰

（图片来源：FutureFactories. com）

3. 铝及铝合金

（1）纯铝。

纯铝的元素符号是 Al,原子序数 13,原子量 26.98。铝原子的原子半径 0.143 nm,离子半径 0.057 nm。铝元素在地壳中的含量仅次于氧和硅,居第三位,是地壳中含量最丰富的金属元素。

金属铝的熔点与纯度有关,99.996％的铝熔点为 660.4 ℃,99.97％的铝熔点为 659.8 ℃,其粉末熔点随粒径的下降持续降低,因此,应用金属铝材进行 3D 打印激光烧结温度远低于其他金属材料;金属铝的密度与温度、纯度有关,室温下纯度为 99.996％的铝的密度为 2698.9 kg/m³,可制造轻结构类产品,有"会飞金属"之称,因而在打印制品时所需的支撑要求低于其他金属材料;金属铝还可通过强化处理提高其强度,如加工硬化与添加合金元素;金属铝的塑性良好,易加工,可轧成薄板和箔,拉成管材和细丝,挤成各种型材,锻造成各种零件,可高速进行车、铣、镗、刨等机械加工,无低温脆性;金属铝具有抗腐蚀性,铝表面上极易生成致密而牢固的氧化铝薄膜,而且被破坏后会立即生成,保护铝不被腐蚀。因此,铝可在大气、普通水、多数酸和有机物中使用。

（2）铝合金。

铝合金是以铝为基础,加入一种或几种其他元素（如铜、镁、硅、锰、锌等）构成的合金,它强度提高,还可经过冷变形加工和热处理等方法进一步强化。所以铝合金还具有良好的耐腐蚀性能和加工性,可制造某些结构零件。

二元铝合金相图一般为共晶相图,如图 1.46 所示。其中 D 点是合金元素在铝中的最大溶解度,DF 线是合金元素在铝中的溶解度随温度变化的曲线。根据铝合金的化学成分和工艺性能,可将铝合金分为变形铝合金和铸造铝合金两类。合金元素的质量分数低于 D 点成分的铝合金,当加热到 DF 线温度以上时,能形成单相 α 固溶体组织,具有较高的塑性,适于压力加工,因此称为变形铝合金。合金元素的质量分数超过 D 点成分的铝合金,在室温下具有共晶组织,适于铸造成型,因此称为铸造铝合金。F 点成分左边的变形铝合金,由于其固溶体的成分不随温度变化,不能进行热处理强化,故又称为不能热处理强化的铝合金。F 点成分右边的变形铝合金,由于其固溶体的成分可以随温度改变而变化,能用热处理的方法予以强化,故又称为能热处理强化的铝合金。

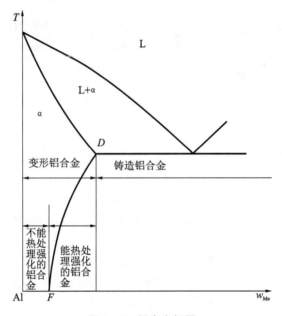

图 1.46　铝合金相图

(3)铝合金的热处理。

铝合金的热处理机理与钢不同,当铝合金加热到 α 相区,经保温获得单相 α 固溶体后,在水中快速冷却,其强度和硬度并没有明显升高,而塑性却有所改善,这种热处理称为固溶处理。由于固溶处理后获得的过饱和 α 固溶体是不稳定的,如果在室温下放置一定的时间,这种过饱和 α 固溶体将逐渐向稳定状态转变,使强度和硬度明显升高,塑性下降。

固溶处理后铝合金的力学性能随时间而发生显著变化的现象,称为时效或时效强化。在室温下进行的时效称为自然时效;在加热条件下进行的时效称为人工时效。图 1.47 为 $w_{Cu}=4\%$ 的铝合金经固溶处理后,其强度随时间变化的自然时效曲线,可见,时效强化的过程是逐渐进行的。在自然时效的最初一段时间内,强度变化不大,这段时间称为孕育期。在孕育期内对固溶处理后的铝合金可进行冷加工。

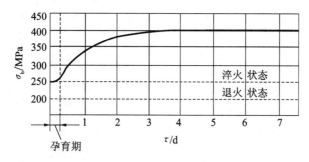

图 1.47　$w_{Cu}=4\%$ 的铝合金自然时效曲线

铝合金的时效强化过程,实质上是固溶处理后所获得的过饱和固溶体分解并形成强化相的过程,这一过程必须通过原子扩散才能进行,因此,铝合金的时效强化效果与时间及温度有密切关系。$w_{Cu}=4\%$ 的铝合金在不同温度下的人工时效曲线如图 1.48 所示。人工时效的温度越高,时效的强化过程越快,强化效果减弱。如果时效温度在室温以下(图中 -50 ℃),原子扩散不易进行,则时效过程的进行极为缓慢,铝合金的力学性能几乎没有变化。如果人工时效的时间过长(或温度过高),反而会使合金软化,这种现象称为过时效。

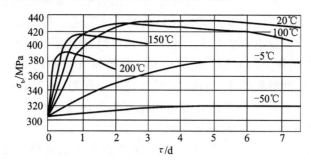

图 1.48　$w_{Cu}=4\%$ 的铝合金在不同温度下的时效曲线

(4)变形铝合金。

变形铝合金按其主要性能特点可分为防锈铝、硬铝、超硬铝和锻铝。一般都由冶金厂加工成各种规格的型材(板、带、管、线等)供应给用户。在原国家标准中规定,变形铝合金的代号用"L+代号+数字"表示,L 是"铝"字汉语拼音的首字母;代号表示变形铝合金的类别,F 代表防锈铝,Y 代表硬铝,C 代表超硬铝,D 代表锻铝;数字表示合金的顺序号。例如,LF21 表示 21 号防锈铝。常用变形铝合金的牌号、力学性能及用途举例见表 1.13。

表 1.13　常用变形铝合金的牌号、力学性能及用途

类别	牌号	状态	抗拉强度/MPa	伸长率/(%)	用途举例	旧牌号
防锈铝	5A02	退火	≤245	12	油箱、油管、液压容器、饮料罐、焊接件、冷冲压件、防锈蒙皮等	LF2
	3A21	退火	≤185	16		LF21
硬铝	2A11	退火	≤245	12	螺栓、铆钉、空气螺旋桨叶片等	LY11
	2A12	淬火＋自然时效	390～440	10	飞机上的骨架零件、翼梁、铆钉、蒙皮等	LY12
超硬铝	7A04	退火	≤245	10	飞机大梁、桁条、加强框、起落架等	LC4
锻铝	2A50	淬火＋人工时效	353	12	压气机叶轮及叶片、内燃机活塞、在高温下工作的复杂锻件等	LD5
	2A70	淬火＋人工时效	353	8		LD7

防锈铝主要是指 Al-Mn 系、Al-Mg 系合金。属于不能热处理强化的变形铝合金，只能通过冷压力加工来提高其强度。这类铝合金具有良好的耐腐蚀性，并具有一定的强度和良好的塑性，主要用于制造各种高耐腐蚀性的薄板容器及受力小、质轻、耐腐蚀的结构件。因此，在飞机、车辆、制冷装置及日用器具中应用很广。

硬铝主要是指 Al-Cu-Mg 系合金。这类铝合金经固溶和时效处理后能获得很高的强度，但硬铝的耐腐蚀性比纯铝的差，更不耐海水的腐蚀，所以硬铝板材的表面常包覆一层纯铝，以提高其耐腐蚀性。主要用于制造中等强度的结构零件，如铆钉、螺栓及航空工业中的结构件。另外，在仪器制造中也有广泛的应用。

超硬铝主要是指 Al-Cu-Mg-Zn 系合金。这类铝合金是在硬铝的基础上再加入锌而形成的，经固溶和时效处理后，其强度超过了硬铝，是室温条件下强度最高的一类铝合金，但耐腐蚀性较差。超硬铝主要用于制造飞机上受力较大的结构件，如飞机大梁、桁架、起落架、螺旋桨叶片等。

锻铝主要是指 Al-Cu-Mg-Si 系合金。这类铝合金的力学性能与硬铝相近。由于其热塑性较好，适于采用压力加工方法成型，所以可用于制造航空及仪表工业中形状复杂的零件。

（5）铸造铝合金。

铸造铝合金同变形铝合金相比，合金元素的质量分数较高，具有良好的铸造性能，可进行各种铸造成型，生产形状复杂的零件。但塑性和韧性较差，不宜进行压力加工。按铸造合金中所加合金元素的不同，可分为 Al-Si 系、Al-Cu 系、Al-Mg 系、Al-Zn 系等四类铸造铝合金。

铸造铝合金的代号用"铸铝"二字汉语拼音的首字母 ZL 与三位数字表示，第一位数字表示铸造铝合金的类别，1 代表 Al-Si 系，2 代表 Al-Cu 系，3 代表 Al-Mg

系,4 代表 Al-Zn 系;第二位与第三位数字表示合金的顺序号。例如,ZL102 表示 2号 Al-Si 系铸造铝合金。铸造铝合金的牌号由铝和主要合金元素符号及其表示平均质量分数的数字组成,并在牌号的前面冠以"铸"字汉语拼音的字母 Z。例如 ZAlSi12 表示 $w_{Si}=12\%$ 的铸造铝合金。

铸造铝合金的生产制造中存在的缺陷主要体现在以下两个方面。

①铸造在铸注过程中会伴随很多缺陷的形成,如错边、尺寸不符、浇不足、气孔、夹渣、针孔等,这些缺陷造成了铸造工艺的废品率在 15% 以上。

②铸造工艺中由于冷却速度较慢,通常会造成铝合金晶粒异常长大,合金元素的偏析,严重影响铝合金的力学性能。此外,铸造铝合金在应用过程中的焊接性较差,容易产生塌陷、热裂纹、气孔、烧穿等缺陷,同时还会发生铝的氧化、合金元素的烧损蒸发等导致焊缝性能降低,目前铝合金的连接问题也是制约其应用的瓶颈。

传统的铸造成型工艺从铸锭到机加工再到最后的实际零部件,需要多道工序完成,且材料利用率低,某些复杂零部件的材料利用率仅 10% 左右,并且铸造过程中对模具的要求极高,对于一些复杂程度高的小型零部件甚至无法用铸造方法来成型。因此,铸造等传统成型加工方法在某些特定领域(航空航天部件、汽车用复杂零部件、矿物加工异形过流件等)的局限性日益明显。

而 3D 打印技术可以针对性地解决上述铸造工艺中暴露出的一些缺陷,满足铸造过程中加工困难或无法加工的特殊零部件的成型加工需求。随着工业化进程的加快,人们对铝合金零部件的结构和铸件性能的要求也日益提高,现在铝合金结构件的发展趋势是复杂形状结构件的整体成型及工艺流程的智能化。形状复杂,尺寸精密,小型薄壁,整体无余量零部件的快速生产制造是将来一段时期铝合金零部件加工的发展方向。

(6)铝合金用于 3D 打印。

铝应用在 3D 打印中的优势:

①熔点低。铝的熔点低,因此其 3D 打印激光烧结温度远低于其他金属材料。

②密度小。铝可用来制造轻结构,有"会飞金属"之称。因此在打印物件时所需的支撑要求低于其他金属材料。

③可强化。纯铝强度不高,可通过添加各种元素变成铝合金,使其强度提高。

④塑性好,易加工。铝可用来拉成管材和细丝,挤成各种型材。现在也有使用铝材料进行 FDM 打印的研究报道。

铝应用在 3D 打印中的缺陷:

①化学活性高。铝被制成粉末后,表面积增加,其化学活性进一步上升,容易燃烧,加工安全性较低。

②强度低,力学性能不佳。

③铝表面上极易生成致密而牢固的氧化铝薄膜,会导致烧结困难。

铝合金材料能够在一定程度上克服上述缺点。铝合金材料具有密度轻、弹性好、比刚度和比强度高、耐磨耐腐蚀性好、抗冲击性好、导电导热性好、良好的成型加工性能以及高的回收再生性等一系列优良特性。铝合金材料被应用于诸多领域：因其具有良好的导电性能，可代替铜作为导电材料；铝具有良好的导热性能，是制造机器活塞、热交换器、饭锅和电熨斗等的理想材料；铝合金也被应用于建筑行业，如铝门窗、结构件、装饰板、铝幕墙等；航空航天、造船、石油及国防军工部门更需要高精尖的铝合金材料。一家超音速飞机约由 70% 的铝及其合金构成。船舶建造中，一艘大型客船的用铝量常达几千吨。

由于铝合金具有质量轻、比强度高和导热性好等特性，针对航空工业的减重要求，大量零部件需采用铝合金材料，而复杂铝合金结构件通常采用铸造方式成型，但铸造铝合金的工艺需要专用模具。对于小批量难加工的复杂零件而言，3D 打印取代铸造工艺可大大减少成本，降低污染，节约时间。

目前，应用于金属 3D 打印的铝合金主要有铝硅 AlSi12 和 AlSi10Mg 两种。AlSi12 是具有良好的热性能的轻质增材制造金属粉末，可应用于薄壁零件如换热器或其他汽车零部件，还可应用于航空航天及航空工业级的原型及生产零部件；AlSi10Mg 更具强度和硬度，使其适用于薄壁以及复杂的几何形状的零件，尤其是在具有良好的热性能和低重量场合中。3D 打印可以解决铸造工艺中暴露出的一些缺陷，满足铸造过程中加工困难或无法加工的特殊零部件的成型加工需求。首先通过计算机程序控制高能激光束有选择地扫描每一层固体粉末，并将每一层叠加起来，最终得到完整的实体模型。因为铝材料熔点低，故不需要很高温的激光束，这不仅保护了激光头，而且节约能源，降低成本，并且由于铝材料的比重在金属中最小，故其在打印过程中不会因为重量太大而使产品损坏。

美国普渡大学的技术员 Dahlon P. Lyles 利用铝合金材料 AlSi12 打印出了能够承重 408 kg 的晶格结构，这个晶格结构总重量为 3.9 g。重量轻、负重强度大使得该材料拥有更多的应用领域，如图 1.49、图 1.50 所示，图 1.51 是铝合金用于 3D 打印的航天部件。

图 1.49　铝合金 AlSi12 打印出的晶格结构

（图片来源：m. zol. com. cn）

图 1.50　3D 打印晶格结构的负重测试

（图片来源：m. zol. com. cn）

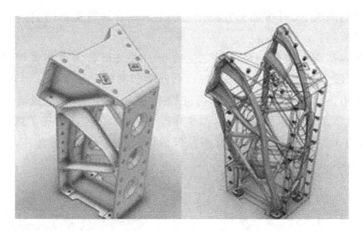

图 1.51　铝合金打印的航天部件

（图片来源：baijiahao.baidu.com）

4.铜及铜合金

（1）纯铜。

纯铜呈玫瑰红色，表面氧化后呈紫色，故俗称紫铜。纯铜具有面心立方晶格，无同素异构转变，强度不高（200～250 MPa），硬度较低（40～50 HBW），但塑性很好（$\delta=45\%\sim50\%$），适于压力加工。纯铜的熔点为 1083 ℃、密度为 8.9 g/m³。纯铜的化学稳定性好，在大气、海水中具有良好的耐腐蚀性。纯铜无磁性转变，有很好的导电性和导热性。

纯铜不能用热处理的方法予以强化，只能借助于冷塑性变形来提高其强度，经冷变形强化后纯铜的强度提高到 400～500 MPa，但会使其塑性显著降低（$\delta=5\%$）。

工业纯铜中的杂质主要是铅、铋、氧、硫、砷等，它们对铜的力学性能和工艺性能有很大的影响。工业纯铜很少用于制造机械零件，一般作为导电、导热、耐腐蚀材料使用。表 1.14 为纯铜（加工产品）的牌号、化学成分及用途举例。

表 1.14　纯铜的牌号、化学成分及用途

类别	代号	化学成分/（%）		用途举例
		铜	杂质	
纯铜	T1	99.95	0.05	导电、导热、耐腐蚀器具材料，如电线、蒸发器、雷管、储存器等
	T2	99.90	0.10	
	T3	99.70	0.30	
无氧铜	TU1	99.97	0.03	电真空器件、高导电性导线等
	TU2	99.95	0.05	

（2）铜合金。

黄铜是指以锌为主要合金元索的铜合金。黄铜既可按化学成分分为普通黄铜和特殊黄铜两类、又可按加工方法分为加工黄铜和铸造黄铜两类。

①普通黄铜。

普通黄铜是指由铜和锌组成的二元合金。它又可分为单相黄铜和双相黄铜两类：当锌的质量分数小于 39% 时，锌能全部溶于铜中形成单相 α 固溶体，称为单相黄铜。单相黄铜具有良好的塑性，可进行冷、热压力加工，其显微组织如图 1.52 所示，当锌的质量分数超过 39% 时，组织中除 α 固溶体外，还出现了以电子化合物 CuZn 为基的 β' 固溶体，称为双相黄铜。双相黄铜只适于热压力加工，其显微组织如图 1.53 所示。

图 1.52　单相黄铜的显微组织　　　图 1.53　双相黄铜的显微组织

锌的质量分数对黄铜力学性能的影响如图 1.54 所示。当锌的质量分数在 32% 以下时，随着锌的质量分数增加，黄铜的强度和塑性不断提高；当锌的质量分数达到 32% 以后，由于实际生产条件下，黄铜组织中已经出现了 β' 相，但一定数量的 β' 相可以起到强化作用，因此强度继续升高；当锌的质量分数超过 45% 以后，黄铜组织全部由 β' 相构成，β' 固溶体在室温下的硬脆性较大，所以黄铜的强度也开始急剧下降，这时的黄铜在生产中已无使用价值。

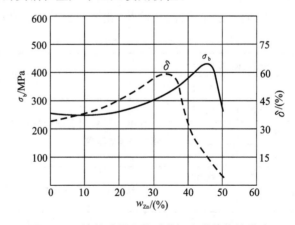

图 1.54　锌的质量分数对黄铜力学性能的影响

普通黄铜具有良好的耐腐蚀性，但锌的质量分数大于 7%（特别是大于 20%）

并经冷加工后的黄铜,在大气中,特别是在含有氨气的环境中,容易产生应力腐蚀破裂的现象,这种现象称为自裂。

普通黄铜的代号用"黄"字汉语拼音的首字母 H 与一组数字表示,数字为铜的质量分数的百分数。例如,H70 表示 $w_{Cu}=70\%$,余量为 Zn 的普通黄铜。

②特殊黄铜。

在普通黄铜的基础上再加入其他合金元素所组成的多元合金称为特殊黄铜。加入的合金元素一般有铅、锡、铝、锰、硅等,相应地称这些特殊黄铜为铅黄铜、锡黄铜、铝黄铜、锰黄铜、硅黄铜。

合金元素加入后,都能不同程度地提高黄铜的强度,加入锡、铝、锰、硅还可提高黄铜的耐腐蚀性,减少自裂倾向。另外,硅可以改善铸造性能,铅可以改善切削加工性能。

特殊黄铜的代号是在 H 之后标以除锌外的主要合金元素符号,并在其后标明铜及合金元素质量分数的百分数。例如,HPb59-1 表示 $w_{Cu}=59\%$,$w_{Pb}=1\%$,余量为 Zn 的铅黄铜。

铸造黄铜具有良好的铸造性能,其熔点较低,结晶温度范围较小,金属液的流动性好,铸件的偏析倾向小,组织致密。铸造黄铜的牌号由铜和主要合金元素的化学符号及表示主要合金元素质量分数的数字组成,并在牌号的前面冠以"铸"字汉语拼音的首字母 Z。例如,ZCuZn38 表示 $w_{Zn}=38\%$,余量为 Cu 的铸造黄铜。

常用黄铜的代号(牌号)、力学性能及用途举例见表 1.15。

表 1.15　黄铜的代号(牌号)、力学性能及用途

类别	代号(牌号)	状态	抗拉强度/MPa	伸长率/(%)	硬度(HBW)	用途举例
普通黄铜	H90	退火	260	45	53	双金属片、冷凝管、散热片、艺术品、证章等
	H68		320	55	—	弹壳、波纹管、散热器外壳、冲压件等
	H62		330	49	56	螺钉、螺母、垫圈、弹簧、铆钉等
特殊黄铜	HPb59-1		400	45	44	螺钉、螺母、轴套等冲压件或加工件
	HSn90-1		280	45	—	弹性套管、船舶用零件等
	HAl59-3-2		380	50	75	船舶、电动机及其他在常温下工作的高强度、化学性能稳定的零件
	HMn58-2		400	40	85	船舶及弱电流用零件等

续表

类别	代号(牌号)	状态	抗拉强度/MPa	伸长率/(%)	硬度(HBW)	用途举例
铸造黄铜	(ZCuZn38)	砂型铸造	295	30	60	螺母、法兰、手柄、阀体等
	(ZCuZn33Pb2)		180	12	50	仪器、仪表的壳体及构件等
	(ZCuZn40Mn2)		345	20	80	阀体、管道接头等在淡水、海水及蒸汽中工作的零件
	(ZCuZn25Al-6Fe3Mn3)		600	18	160	蜗轮、滑块、螺栓等

③青铜。

青铜是人类历史上使用最早的合金材料,因铜与锡的合金呈青黑色而得名。在现代工业中,青铜是指除黄铜、白铜(以镍为主要合金元素的铜合金)以外的铜合金。其中以锡为主要合金元素的铜合金称为锡青铜,其他青铜称为特殊青铜或无锡青铜。

青铜的代号用"Q+主要元素符号+数字"表示,Q 为"青"字汉语拼音的首字母,数字依次表示主要元素和其他元素质量分数的百分数。例如,QSn4-3 表示 $w_{Sn}=4\%$,$w_{Zn}=3\%$,余量为 Cu 的锡青铜。QAl5 表示 $w_{Al}=5\%$,余量为 Cu 的铝青铜。铸造青铜的牌号表示方法与铸造黄铜的牌号表示方法相同。常用青铜的代号、力学性能及用途见表 1.16。

表 1.16 青铜的代号、力学性能及用途

代号(牌号)	状态	抗拉强度/MPa	伸长率/(%)	硬度(HBW)	用途举例
QSn4-3	退火	350	40	60	弹性元件、管道配件、化工机械中的耐磨零件及抗磁零件等
QSn6.5-0.1		350~450	60~70	70~90	弹簧、接触片、振动片、精密仪器中的耐磨零件等
QAl7		470	3	70	重要用途的弹簧及其他弹性元件等
QAL9-4		550	4	110	轴承、涡轮、螺母及在蒸汽、海水中工作的高强度、耐蚀零件等
QBe2		500	3	84	重要的弹性元件、耐磨零件及在高速、高压和高温下工作的轴承等
(ZCuSn10Pb1)	砂型铸造	200	3	80	重载荷、高速度的耐磨零件,如轴承、轴套、涡轮等
(ZCuPb30)		—			高速双金属轴瓦等

(3)铜合金用于 3D 打印。

铜合金用于 3D 打印采用选区激光熔化（SLM）技术，该合金用于 3D 打印主要面临的问题是激光很难连续熔化铜合金粉末。

图 1.55 是铜合金用 3D 打印的尾喷管，该零件的内外壁之间设计了 50 条随形冷却流道，增大了冷却接触表面积，降低温度达到快速冷却的效果，有效降低了零件的工作温度。该零件是国内首件大尺寸（φ210 mm×295 mm）选区激光熔化铜合金尾喷管，突破了铜材料的激光成型技术，实现了复杂流道的铜材料制造工艺。

5. 钨及钨合金

稀有金属是国家的重要战略资源，钨材料是典型的稀有金属，具有极为重要的用途。钨材料广泛用于电子、电光源工业，也在航天、铸造、武器等部门中用于制作火箭喷管、压铸模具、穿甲弹芯、触点、发热体和隔热屏等。

钨材料的硬度高，脆性大，导电性差，机加工困难，采用传统的减材制造工艺难以成型形状复杂的零件，且钨材料的熔点在金属中最高，熔点高达 3400 ℃，是典型的难熔金属，成型更加困难，故可采用增材制造的办法打印该种金属合金。如图 1.56 所示，利用钨合金打印的光栅，尺寸为 87 mm×20 mm×20 mm，重量为 296 g，成型时间为 3 h，该零件整体采用薄壁结构，最小壁厚仅 0.1 mm。

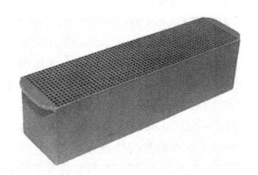

图 1.55　铜合金 3D 打印尾喷管

（图片来源：3dprint. ofweek. com）

图 1.56　钨合金 3D 打印光栅

（图片来源：3dprint. ofweek. com）

1.3.2　金属粉末烧结的未来发展

快速成型技术中，金属粉末 SLS 直接成型技术是近年来人们研究的一个热点。多组元金属粉末烧结工艺周期短、致密度高、无须复杂的后续处理成为研究的热点。实现使用高熔点金属直接烧结成型零件，对用传统切削加工方法难以制造出高强度零件，对快速成型技术更广泛的应用具有特别重要的意义。未来，SLS 直接成型金属粉末的研究方向应该是单元体系金属零件烧结材料，多元合金材料零件的烧结材料,先进金属材料如金属纳米材料,非晶态金属合金等的激光烧结材料等。此外,根据零件的具体功能及经济要求来烧结形成具有功能梯度和结构梯度的零件。对激光烧结金属粉末成型机理的掌握,对各种金属材料最佳烧结参数的获得,以及专用的快速成型材料的出现,SLS 技术的研究和引用必将进入一个新的境界。

1.4　金属粉末的牌号及性能

SLM(selective laser melting)即选区激光熔化,通常采用的是金属粉末材料。SLM 与 SLS 的不同之处在于:SLS 成型时,粉末半固态液相烧结,粉粒表层熔化并保留其固相核心;SLM 成型时,粉末完全熔化。SLM 的成型方式虽然仍采用与SLS 成型相同的烧结来表述,但实际上的成型机制已转变为粉末完全熔化,因此,成型性能显著提升。

下面以 EOS 公司生产 EOSINT M 280 成型机使用的金属粉末材料为例,介绍几种牌号的金属粉末特性。

1. EOS AlSi10Mg

EOS AlSi10Mg 是一种铸造铝合金,具有高强度、高硬度、较好的动力特性和热特性,能承受重载,可用来制成薄壁件和复杂几何形状的工件产品。

2. EOS CobaltChrome MP1 与 EOS CobaltChrome MP2

EOS CobaltChrome MP1 是钴铬钼高温合金,有极高的强度、硬度、耐腐蚀性、耐高温性,通常用来制作义齿、医用植入体以及细小特征的工件。EOS Cobal-tChrome MP2 通常用来制作牙科修复体,如制作牙冠、牙桥等。

3. EOS MaragingSteel MS1

EOS MaragingSteel MS1 是马氏体时效钢,有很高的强度和韧度,易于机加工,借助于简单的热时效硬化工艺,即使工件硬度达到 55HRC,通常也用来制作重载的注塑模具、压铸模具和承受重载的金属工件。

4. EOS NickelAlloy IN625

EOS NickelAlloy IN625 是耐热镍铬合金,有较高的抗拉强度、良好的耐蚀性,适合制作耐高温和高强度的工件。

5. EOS NickelAlloy IN718

EOS NickelAlloy IN718 是耐热镍合金,在高达 700 ℃下仍有较高的抗拉强度和耐蚀性。

6. EOS StainlessSteel GP1

EOS StainlessSteel GP1 是不锈钢,有很好的耐蚀性和力学性能,在激光的作用下有较好的延展性,通产用来制作功能件、耐蚀性要求高、可进行消毒处理、以及韧性和延展性都特别好的工件。

7. EOS StainlessSteel PH1

EOS StainlessSteel PH1 是沉淀硬化不锈钢,有较好的耐蚀性和力学性能,通常用来制作功能件、耐蚀性要求高、可进行消毒处理,以及强度和硬度都特别高的工件。

8. EOS Titanium Ti64

EOS Titanium Ti64 是铝合金化 TC4(Ti-6Al-4V)钛合金,有极好的力学性能和耐蚀性,密度小,兼容性好,通常用来制作力学性能好、密度小的工件和医用植入体。

表 1.17 所示为 EOSINT M280 成型机使用的金属粉末材料的各项性能参数。

表 1.17 EOSINT M280 成型机使用的金属粉末材料的特性

项 目	材 料 牌 号				
	EOS AlSi10Mg	EOS CobaltChrome MP1	EOS CobaltChrome MP2	EOS MaragingSteel MS1	EOS NickelAlloy IN625
成型件密度/ (g/cm³)	2.67	8.29	8.5	8.0～8.1	8.4
弹性模量/GPa	70±5	220	170	180±20	170±20
抗拉强度/MPa	445±20	1300	800	1100±100	990±50
屈服强度/MPa	275±10	920	—	1000±100	725±50
硬度	(120±5)HBW	40～45HRC	(360±20)HV	33～37HRC	30HRC
最高工作温度/℃	—	1150	—	400	650
熔点/℃	—	1350～1430	1380～1440	—	—
材质	铝合金	钴铬铝合金	钴铬钼合金	马氏体钢	耐热镍铬合金

项 目	材 料 牌 号			
	EOS NickelAlloy IN718	EOS StainlessSteel GP1	EOS StainlessSteel PH1	EOS Titanium Ti64
成型件密度/ (g/cm³)	8.15	7.8	7.8	4.43
弹性模量/GPa	160±20	170±20	—	110±7
抗拉强度/MPa	106±50	1050±50	1150±50	1150±60
屈服强度/MPa	780±50	540±50	1050±50	1030±70
硬度	30HRC	230HV	30～35HRC	41～44HRC
最高工作温度/℃	650	550	—	350
熔点/℃	—	—	—	—
材质	耐热镍合金	不锈钢	沉淀硬化不锈钢	钛合金

表 1.18 所示是 EOS 公司 SLS 成型机使用的高熔点金属与低熔点金属的混合粉末材料的各项性能参数。

表 1.18 EOS 高熔点金属与低熔点金属的混合粉末材料的特性

项　　目	材 料 牌 号					
	EOSINT M Cu3201	DirectSteel 50-V1	DirectSteel 20	DirectSteel H20	DirectMetal 50	DirectMetal 20
成型件密度/ (g/cm³)	—	—	6.3～7.6	7.0～7.8	—	6.3～7.6
弹性模量/GPa	—	—	130	180	—	80
抗拉强度/MPa	120	500	600	1100	200	400
屈服强度/MPa	—	—	400	800	—	200
硬　度	43～84 HBW	180～220 HBW	225HV	35～42 HRC	90～120 HBW	115HV
最高工作温度/℃	—	—	800	1100	—	400
材质	镍粉、CuSn 粉 CuP 粉 混合物	钢粉（混有青铜粉及镍粉）	钢粉（混有青铜粉及镍粉）	合金钢粉（混有铬镍钼钒碳粉）	青铜粉	铜基粉混合物

思　考　题

1.力学性能指标中,强度、塑性、硬度、冲击韧度、疲劳极限、断裂韧度各自反映了材料的哪些性能?

2.什么叫应力、应变?低碳钢拉伸应力-应变曲线可分为哪几个变形阶段?这些阶段各具有什么特征?

3.有几种硬度试验方法?各自的适用范围是什么?

4.下面列举的几种材料(工件),应分别采用什么方法测定其硬度值?

锉刀、中碳钢、铸铁、黄铜轴套、硬质合金刀片、耐磨工件表面硬化层、铝合金

5.什么叫疲劳极限?为什么说表面强化可有效地提高疲劳极限?

6.引起零件、构件发生低应力脆性断裂的主要原因包括哪些?采取什么措施可以减少低应力脆断的发生?

7.下列说法是否准确?如不准确请予以改正。

(1)机器中的零件,材料强度高的不会变形,材料强度低的一定会产生变形。

(2)材料的强度高,其塑性就低;材料的硬度高,其刚性就高。

(3)材料的弹性极限高,所产生的弹性变形量就较大。

8.钛合金有哪些优异的性能?

9.不锈钢有哪些特点?

10.金属粉末成型时存在哪些问题?

知识模块 2　3D 打印非金属材料

2.1　高分子材料

高分子材料是指以高分子化合物为主要组成成分的材料,也是由数量巨大的一种或多种结构单元通过共价键结合而成的化合物,且相对分子质量大于 500,而相对分子质量小于 500 的称为低分子化合物。高分子材料又称为聚合物材料,是以高分子化合物为基体,再配有其他添加剂(助剂)所构成的材料。表 2.1 列出了常见物质的相对分子质量,通常低分子化合物没有强度和弹性,而高分子化合物具有一定的强度、弹性和塑性。

表 2.1　常见物质的相对分子质量

类型	低分子化合物				高分子化合物				
名称	水	石英	乙烯	单糖	橡胶	淀粉	纤维素	聚苯乙烯	聚氯乙烯
相对分子质量	18	60	28	28	2 万~5 万	>2 万	57 万	>5 万	5 万~16 万

注:其中橡胶、淀粉、纤维素属于天然高分子物质,聚苯乙烯、聚氯乙烯属于人工合成高分子物质。

高分子化合物的化学组成一般都不难,都是由一种或几种比较简单的低分子化合物重复连接而成。这类能组成高分子化合物的低分子化合物称为单体。将单体转变为高分子化合物的过程称为聚合。例如,聚乙烯即由乙烯单体经聚合反应制成。

$$n(CH_2 = CH_2) \xrightarrow{聚合反应} \left[CH_2 - CH_2 \right]_n$$

自 20 世纪 50 年代以来,高分子材料在国民经济中得到了迅猛的发展,种类日趋繁多,产量不断增大。以体积产量计算,高分子材料已远远超越金属材料和无机陶瓷材料,跃居材料行业的首位。而近年来 3D 打印的兴起,也为高分子材料提供了一个全新的应用舞台。当前,高分子类 3D 打印材料已成功应用在航天航空、建筑、文物保护等多个领域中。尼龙类、ABS 类、PC 类材料是 3D 打印最常用的高分子材料。除作为主体材料直接打印成成品外,环氧树脂等高分子材料还可以作为黏结剂,配合其他材料应用于 3D 打印的多个相关领域。

2.1.1 高分子材料的性能

1. 高分子材料的优势

高分子材料在 3D 打印领域具有其他材料无可比拟的优势。

(1)3D 打印作为一种新兴的产品加工手段,其个性化的生产思路必然导致加工手段的多样化,所制备的产品种类、性质各具特色。因此,其对材料的物理、化学性能的要求也千差万别。3D 打印的发展使得有各种满足打印专一性需求的不同物理、化学性能的材料不断出现。而高分子材料本身具有种类繁多、性质各异、可塑性强的特点。通过对不同的聚合物单元结构、单元种类的选择和数量的调节,不同结构单元的共聚及配比,可以轻松获得不同物理、化学性能的粉末化、液态化、丝状化的新型高分子材料,从而实现 3D 打印材料的多样性和专一性功能。

(2)高分子材料具有熔融温度低的优点,且多数高分子溶体属于非牛顿流体,触变性能好,从而极大地满足了 3D 打印中 FDM 打印工艺的需要。由于 FDM 工艺具备不使用激光、设备成本低、维护简单、成型速度快、后处理简单等优点,一直是 3D 打印技术推广应用的主力,所以用于 FDM 打印工艺的高分子 3D 打印材料也是目前高分子 3D 打印材料研究的重点。此外,高分子 3D 打印材料由于其较低的烧结温度,在 SLS 打印工艺中也具有加工能耗小、设备要求低的优势。

(3)高分子材料具有轻质高强度的优点,尤其是部分工程塑料,其机械强度可以接近金属材料,而密度只略大于 1。其较小的自重和高支撑力为打印镂空制品提供了便利。此外,轻质高强度的特点也使其成为打印汽车零件和运动器材的首选。

(4)高分子材料价格便宜,在体积和价格方面远胜金属材料,而且可加工性能更好,因此在 3D 打印材料中具有很高的性价比。

上述优势使高分子材料成为使用最广泛、研究最深入、市场化最便利的一类 3D 打印材料。

2. 高分子材料的特性

高分子材料在 3D 打印中的应用大多采用 SLS 技术、FDM 技术,根据打印工艺的实际需求,一般需要高分子材料具有以下特性。

(1)良好的触变性。高分子熔体在从打印喷头中高速喷出时,只有熔体具备良好的流动性方能顺利、准确地喷射至指定位置(即打印位置);而当熔体材料到达打印位置时,则要求熔体有较高的黏度而无法随意流动,才能够保证材料固定在打印位置不变形、不移动。这就要求高分子熔体在高剪切速率时具备良好的触变性。FDM 技术能够广泛应用于 ABS 等高分子材料正是由于材料的良好触变性。而普通尼龙等材料则更多使用选择性激光烧结技术(SLS)进行打印。

(2)合适的硬化速度。使用 FDM 技术进行 3D 打印时,采用熔体打印,因此高分子材料的硬化速度至关重要。硬化速度太快,材料容易在喷头附近硬化,造成喷头阻塞,损坏设备;硬化速度不够,由于必须在下一层硬化后再进行上一层的打印,因此将严重影响打印效率和制品质量。

(3)较小的热变形性和热收缩率。FDM工艺和SLS工艺均是在高温下加工,在低温下成型,且成型过程不像传统高分子加工工艺有模具等束缚定型。高分子材料的热收缩率和热变形性要高于金属和陶瓷材料。因此,选择热变形性和热收缩率小的材料或在高分子材料中添加玻璃纤维等纤维材料作为3D打印材料,减小制品的热变形性和热收缩率就显得尤为重要。

2.1.2 高分子材料的种类

1. 按来源分类

高分子材料按来源分为天然高分子材料和合成高分子材料。

天然高分子是存在于动物、植物及生物体内的高分子物质,可分为天然纤维、天然树脂、天然橡胶、动物胶等。合成高分子材料主要是指塑料、合成橡胶和合成纤维三大合成材料,此外还包括胶黏剂、涂料以及各种功能性高分子材料。合成高分子材料具有天然高分子材料所没有的或较为优越的性能——较小的密度、较高的力学性能、耐磨性、耐腐蚀性、电绝缘性等。

2. 按特性分类

高分子材料按特性分为橡胶、纤维、塑料、高分子胶黏剂、高分子涂料和高分子基复合材料、功能高分子材料等。

(1)橡胶:一类线型柔性高分子聚合物,其分子链柔性好,在外力作用下可产生较大形变,除去外力后能迅速恢复原状,有天然橡胶和合成橡胶两种。

(2)纤维:分为天然纤维和化学纤维,前者指蚕丝、棉、麻、毛等;后者是以天然高分子或合成高分子为原料,经过仿丝和后处理制得。纤维的次价力大、形变能力小、模量高,一般为结晶聚合物。

(3)塑料:以合成树脂或化学改性的天然高分子为主要成分,再加入填料、增塑剂和其他添加剂制得。其模量和形变量介于橡胶和纤维之间。通常按合成树脂的特性分为热固性塑料和热塑性塑料;按用途又分为通用塑料和工程塑料。

(4)高分子胶黏剂:以合成天然高分子化合物为主体制成的胶黏材料。分为天然和合成胶黏剂两种。应用较多的是合成胶黏剂。

(5)高分子涂料:以聚合物为主要成膜物质,添加溶剂和各种添加剂制得。根据成膜物质不同,分为油脂涂料、天然树脂涂料和合成树脂涂料。

(6)高分子基复合材料:以高分子化合物为基体,添加各种增强材料制得的一种复合材料。它综合了原有材料的性能特点,并可根据需要进行材料设计。高分子复合材料也称为高分子改性材料,改性材料分为分子改性材料和共混改性材料。

(7)功能高分子材料:功能高分子材料除具有聚合物的一般力学性能、绝缘性能和热性能外,还具有物质、能量和信息的转换、传递和储存等特殊功能。已使用的有高分子信息转换材料、高分子透明材料、高分子模拟酶、生物降解高分子材料、高分子形状记忆材料,以及医用和药用高分子材料等。

高聚物根据其力学性能和使用状态可分为上述几类。但是各类高聚物之间并无严格的界限,同一高聚物,采用不同的合成方法和成型工艺,可以制成塑料,也可制成纤维,比如尼龙就是如此。而聚氨酯一类的高聚物,在室温下既有玻璃态的性质,又有很好的弹性,所以很难说它是橡胶还是塑料。

3. 按应用功能分类

高分子材料按应用功能可分为通用高分子材料、特种高分子材料和功能高分子材料三大类。通用高分子材料指能够大规模工业化生产,已普遍应用于建筑、交通运输、农业、电气电子工业等国民经济主要领域和人们日常生活的高分子材料。这其中又分为塑料、橡胶、纤维、黏结剂、涂料等不同类型。特种高分子材料主要是一类具有优良机械强度和耐热性能的高分子材料,如聚碳酸酯、聚酰亚胺等材料,已广泛应用于工程材料上。功能高分子材料是指具有特定的功能作用,可作为功能材料使用的高分子化合物,包括功能性分离膜、导电材料、医用高分子材料、液晶高分子材料等。

4. 按主链结构分类

高分子材料按主链结构分类可分为如下几种类型。

(1)碳链高分子:分子主链由 C 原子组成,如 PP、PE、PVC。

(2)杂链高聚物:分子主链由 C,O,N,P 等原子构成,如聚酰胺、聚酯、硅油。

(3)元素有机高聚物:分子主链不含 C 原子,仅由一些杂原子组成的高分子,如硅橡胶。

5. 其他分类

(1)按高分子材料的主链几何形状分类:线型高聚物,支链型高聚物,体型高聚物。

(2)按高分子材料的微观排列情况分类:结晶高聚物,半晶高聚物,非晶高聚物。

6. 高分子复合材料的种类

高分子材料和另外不同组成、不同形状、不同性质的物质复合黏结而成的多相材料称为高分子复合材料。广义上的高分子复合材料还包含了高分子共混体系,统称为高分子合金。当分散相为金属/无机物时,则称为有机/无机高分子复合材料;而当分散相为异种高分子材料时,则称为高分子共混物。

根据应用目的,选取高分子材料和其他具有特殊性质的材料,制成满足需要的复合材料。高分子复合材料分为两大类:高分子结构复合材料和高分子功能复合材料。高分子结构复合材料包括两个组分:①增强剂,它为具有高强度、高模量、耐温的纤维及织物,如玻璃纤维、氮化硅晶须、硼纤维及以上纤维的织物;②基体材料,它主要是起黏合作用的胶黏剂,如不饱和聚酯树脂、环氧树脂、酚醛树脂、聚酰亚胺等热固性树脂及聚苯乙烯、聚丙烯等热塑性树脂,这种复合材料的比强度和比模量比金属还高,是国防、尖端技术方面不可缺少的材料。

高分子复合材料是最早成功应用于 SLS 的成型材料,在 SLS 成型材料中占有重要地位,其品种和性能的多样性以及各种改性技术为它在 SLS 方面的应用提供了基础。

适用于 SLS 领域的高分子复合材料主要有以下种类:尼龙(PA)粉、聚碳酸酯(PC)粉、聚苯乙烯(PS)粉、苯乙烯-丁二烯-丙烯腈三元共聚物(ABS)粉、铸造用蜡粉、环氧聚酯粉末、聚乙烯(PE)、聚丙烯(PP)、聚对苯二甲酸丁二醇酯(PBT)、聚氯乙烯(PVC)粉、聚四氟乙烯(PTFE)、聚丙烯酸酯类以及共聚改性粉末材料等。目前对于高分子复合材料的研究主要集中在聚苯乙烯(PS)、聚碳酸酯(PC)以及尼龙(PA)等三种材料上。这些种类众多的材料各有其特性,在选择和使用时,需要特别注意。

在 SLS 技术发展的初期,聚碳酸酯(PC)粉末用作 SLS 成型材料,这是一种优良的工程塑料,具有综合的力学性能、热性能以及介电性能,突出的冲击韧度,优良的机械强度,透明性高,良好的耐蠕变性且尺寸稳定性好;PC 的耐热性好,使用温度范围宽,在 $-60 \sim 120\ ℃$ 下可以长期使用,其热变形温度为 $115 \sim 127\ ℃$(马丁耐热);无毒性,自熄性好,低吸水性,介电性好(介电系数大,介电损耗小),耐油、耐酸类。

对 PC 材料及其应用进行了广泛且深入的研究,如 1993 年美国 DTM 公司研究人员通过将 PC 粉末和熔模铸造用蜡进行比较,得出的结论:PC 粉末在快速制作薄壁和精密零件、复杂零件、需要耐高低温的零件方面具有优势。1996 年 Sandia Natl 实验室学者也针对 PC 粉末的可行性进行了研究,通过对 PC 粉末采用 SLS 技术制作熔模铸造零件,肯定了 PC 粉末在熔模铸造方面的成功应用。为了合理控制烧结工艺参数,提高 PC 烧结件的精度和性能,许多学者对 PC 粉末在烧结中的温度场进行了研究。美国 Texas 大学学者建立了一维热传导模型,用以预测烧结工艺参数和 PC 粉末性能参数对烧结深度的影响。香港大学学者在探索用 PC 粉末烧结塑料功能件方面做了很多工作,他们研究了激光能量密度对 PC 烧结件的形态、密度和拉伸强度的影响,研究发现提高激光能量密度虽然能大幅度提高烧结件的密度和拉伸强度,但同时过高的激光能量密度会导致烧结件产生过度增长,尺寸精度变差,还会产生翘曲等问题。针对这些问题,香港大学的学者们也提出了有可能解决这些问题的措施。他们还研究了石墨粉对 PC 烧结行为的影响,发现加入少量的石墨能显著提高 PC 粉末的温度。华中科技大学快速制造中心的研究人员从另外一个角度探讨了 PC 粉末在制备功能件方面应用的可能性,他们采用环氧树脂体系对 PC 烧结件进行后处理,经过后处理的 PC 烧结件的力学性能有了很大的提高,可用作性能要求不太高的功能件。目前,PC 粉末材料也是应用广泛的成型材料,有多家公司进行生产和销售。

EOS 公司和 DTM 公司分别于 1998 年、1999 年推出了以聚苯乙烯(PS)为基体的粉末烧结材料,这种烧结材料同 PC 相比,烧结温度较低,PS 的热变形温度为 70～100 ℃,连续使用温度为 60～80 ℃,在 300 ℃以上大分子链会断裂,称为解聚,易燃烧。烧结变形小,成型性能优良,更加适合熔模铸造工艺,因此 PS 粉末逐渐取代了 PC 粉末在熔模铸造方面的应用。

尼龙(Polyamide,PA)是一种结晶性聚合物,有良好的力学性能。具有耐磨、强韧、轻量、耐热、易成型等优点,粉末经激光烧结能制得致密的、高强度的烧结件,可以直接用作功能件。DTM 公司和 EOS 公司都将尼龙粉末作为激光烧结的主导材料。DTM 公司推出了以尼龙粉末为基体的系列化烧结材料 DuraForm、DuraForm GF、Copper PA 等,其中 DuraForm GF 是用玻璃微珠做填料的尼龙粉末,该材料具有良好的成型精度和外观质量;Copper PA 是铜粉和尼龙粉末的混合物,具有较高的耐热性和导热性,可直接烧结注塑模具,用于 PE、PP、PS 等通用塑料制品的小批量生产,生产批量可达数百件。这些功能性零件在很多方面得到了应用,如用来制造助听器材、F1 方程式赛车零部件和口腔外科上颌面等 PA 的品种有几十种,目前 DTM 公司大量提供的有以下几种材料。

①标准的 DTM 尼龙(Standard Nylon),能被用来制作具有良好耐热性能和耐蚀性的模型。

②DTM 精细尼龙(DuraForm GF),不仅具有与 DTM 尼龙相同的性能,还提高了制件的尺寸精度(降低表面粗糙度,能制造微小特征,适合概念型和测试型制造)。

③DTM 医用级的精细尼龙(Fine Nylon Medical Grade),在特定的自然暴露条件下测试被评为美国药典(USP)六级水平,该材料还能通过高温蒸压被蒸气消毒五个循环。

④原型复合材料(Proto Form TM Composite),是 DuraForm GF 经玻璃强化的一种改性材料,与未被强化的 DTM 尼龙相比,它具有更好的加工性能,同时提高了耐热性和耐腐蚀性。

⑤新一代尼龙材料,用 DuraForm GF 生产出来的热塑性零件具有很好的表面质量和热稳定性,并且能经受严格的功能测试,可以缩短产品的试验和生产周期。

德国的 EOS 公司在生产出精细尼龙粉末材料 PA2200 之后,又发展了一种新的尼龙粉末材料 PA3200GF,用这种材料制作的零件精度和表面光洁度都较好,而且该公司针对它们的 SLS 设备 EOSIN T-P 系列还专门利用玻璃微珠来改善尼龙粉末的成型性能。EOS 公司也有与 DuraForm、DuraForm GF 类似的系列烧结材料。

中北大学王建宏等人采用溶剂沉析法自行合成聚酰胺粉末作为复合尼龙粉

末的基材,以物理共混的方式对基料进行改性,制备出适合于选择性激光烧结用的高性能复合尼龙粉末,并进行了激光烧结实验和性能考核。崔意娟等人通过添加空心玻璃微珠、流动剂等研制了一种新型改性复合尼龙粉末材料,并采用中北大学自行开发的 HLP-350I 点扫描激光烧结快速成型机对其进行了烧结成型工艺实验,发现复合尼龙粉烧结件变形小,成型性能良好。国内也有生产厂家提供多种尼龙及其改性材料。

高分子粉末材料一般可以分为前处理、粉层激光烧结以及后处理三个阶段。

(1)前处理。

前处理阶段主要是在 CAD 软件设计能力允许的条件下,通过 Pro/E、UG 等软件来直接设计构建零件三维模型。当有现成零件时,通过逆向工程(RE)来获得零件的轮廓信息,并同时生成 CAD 模型文件。通过 STL 数据将模型转换成 STL 格式的数据文件,再将模型 STL 格式的数据文件导入特定的分层软件中进行分层处理,最后将分层数据输入到粉末激光烧结快速成型系统中。

(2)粉层激光烧结。

粉末激光烧结快速成型系统会根据接收到的数据,在设定的工艺参数下,自动完成原型的逐层粉末烧结、叠加。与其他快速成型工艺相比较,在 SLS 工艺中成型区域温度的控制是比较重要的。

烧结开始前,一般需要对成型空间进行预热;对于不同的高分子材料,预热温度各不相同;在预热的过程中还需要根据原型的结构特点确定烧结方位;当摆放位置确定后,将状态调整为加工状态,然后进行层厚、激光扫描速度和扫描方式、激光功率、烧结间距等工艺参数的设置。当成型区域的温度达到预定值时,便可以开始烧结加工。

在加工过程中,为确保制件的烧结质量,减少翘曲变形,需要根据截面的变化,相应地调整粉末预热的温度。当所有叠层自动烧结结束后,需要等待原型部分充分冷却,再取出原型进行后处理。

(3)后处理。

激光烧结后的高分子材料原型件,由于台阶效应,其表面比较粗糙,不能满足精密铸造的要求。因此,我们需要对高分子材料原型件进行一定的后处理才能满足各种场合使用要求。一般的工艺分为两种:一种是对高分子材料原型件进行树脂处理,提高原型件的强度使其可以用于功能型测试零件;另一种是使用铸造蜡进行处理提高原型件表面的光洁度和烧结件的强度。

高分子复合材料与金属及陶瓷材料相比,高分子复合材料在 SLS 生物制造上具有以下两个方面的优势:

一是高分子复合材料与生物硬组织的相容性更高,其强度与生物硬组织的强度在同一个数量级上,通过将高分子与其他材料复合来获得与生物硬组织力学及生物学性能相似的高分子复合材料是一个非常有前景的研究方向。

二是可以更加灵活地设计、合成各种具有生物可降解性、生物可吸收性及生物相容性的高分子复合材料。

综上所述,作为 3D 打印的重要环节,材料具有举足轻重的作用,下面介绍目前常用的 3D 打印高分子材料,有聚酰胺、聚碳酸酯、聚乙烯、聚丙烯和 ABS 等。

2.1.3　常用高分子材料

高分子材料的品种繁多,性质各异,为了合理使用高分子材料,必须对其进行恰当的分类。常见的分类方法见表 2.2 所示。

表 2.2　高分子材料常见的分类

分 类 原 则	类　　别	实　　例
按高分子材料的用途分	塑料	ABS、尼龙等
	橡胶	丁苯橡胶、氯丁橡胶等
	纤维	玻璃纤维、石棉纤维等
	胶黏剂	骨胶等
	涂料	环氧树脂等
按高分子材料的来源分	天然高分子材料	淀粉、天然橡胶、纤维素等
	人造高分子材料	合成纤维、合成橡胶等
按聚合反应的类型分	加聚高分子材料	聚乙烯、聚氯乙烯等
	缩聚高分子材料	酚醛树脂、环氧树脂等
按高分子材料的结构分	线型高分子材料	聚甲醛、聚苯乙烯等
	体型高分子材料	酚醛树脂、环氧树脂等
按高分子材料的热性能及成型工艺分	热固性高分子材料	酚醛树脂、环氧树脂等
	热塑性高分子材料	聚酰胺、有机玻璃等

高分子材料的命名方法也有很多种。通常,天然高分子材料按照其来源和性质以专用名称命名,如纤维素、蛋白质、虫胶、淀粉等;加聚类高分子材料通常在原料低分子物质前加"聚"字,如聚乙烯、聚氯乙烯等;缩聚类和共聚类高分子材料是在原料低分子化合物后加"树脂"或"橡胶",如酚醛树脂、丁苯橡胶等;有些结构复杂的高分子材料可直接称其商品名称,如有机玻璃、涤纶树脂、尼龙等。另外有些高分子材料是用英文名称的第一个字母命名,如 PVC、PS 等,下面介绍一些常见的 3D 打印高分子材料。

1. 耐用性尼龙材料

(1)简介。

"尼龙"(Nylon)又叫聚酰胺纤维,英文名 Polyamide(简称 PA),密度 $1.15\ \mathrm{g/cm^3}$。尼龙外观为白色至淡黄色颗粒,制品表面有光泽且坚硬。3D 打印尼龙材料属于一种特殊的耐用性工程尼龙。耐用性尼龙材料是一种非常精细的白色粉粒，做成的样品强度高，同时具有一定的柔性，使其可以承受较小的冲击力，并在弯曲状态下抵抗压力，它的表面有一种沙沙的、粉末的质感，也略微有些疏松。耐用性尼龙的热变形温度为110 ℃，主要应用于汽车、家电、电子消费品、医疗等领域。

（2）性能。

3D打印用尼龙材料有优良的力学性能，其拉伸强度、压缩强度、冲击强度、刚性及耐磨性都比较好，适合制造一些需要高强度、高韧性的制品，但其力学性能受温度及湿度的影响较大。

在低温和干燥的条件下，尼龙具有良好的电绝缘性，但是在潮湿的条件下，其体积电阻率和介电强度均会降低，介电常数和介电损耗也会明显增大。

尼龙熔融温度比较高，且熔融温度范围比较窄，有明显的熔点。同其他高分子材料相比，尼龙的热变形温度较低，一般在80 ℃以下。尼龙的熔体黏度较小，无法满足FDM打印的要求，因此尼龙材料多数采用SLS工艺进行打印。

尼龙具有良好的化学稳定性，不溶于普通的溶剂，由于它能耐很多化学药品，所以不受酸、碱、酮、醇、酯、油脂、润滑油、汽油、盐水及清洁剂的影响。常温下，尼龙溶解于某些盐的饱和溶液和一些强极性溶剂。它还对某些细菌表现出很好的稳定性，因此可以用于一些生物医用器械的打印。

（3）应用。

当前，耐用性尼龙材料在3D打印中的应用主要包括以下几个方面：结构复杂的、薄壁的管道（电动工具、航天航空设备）；外壳产品；叶轮和连接器；运动用消费品；汽车仪表盘和隔窗；装配设计；接近最终使用的产品性能特征和功能原型件；适用于中小体积的快速制造；要求适合 USP Class Ⅵ 或生物适应性标准的医疗应用设备；结构复杂的产品和塑料原型件；外观、结构或功能性原型件。

2. 尼龙玻璃纤维

（1）玻璃纤维简介。

玻璃纤维是一种性能优异的无机非金属材料，主要包含二氧化硅、氧化铝、氧化镁、氧化钙和氧化钠等无机盐。其单丝直径从几微米到几十微米不等，相当于一根头发丝的1/20～1/5。玻璃纤维在实际使用时往往需集中使用，每束纤维原丝由上百根纤维单丝组成。玻璃纤维作为复合材料中的增强材料、绝热保温材料和电绝缘材料广泛地应用于国民经济的各个领域。

石英砂、氧化铝、硼酸、纯碱、白云石和萤石等是生产玻璃纤维的主要原料。生产玻璃纤维大致有两种方法：一是将熔融玻璃直接制成纤维；二是将熔融后的玻璃先制成直径20 mm的玻璃球或棒，然后通过多种方式加热重熔后制成直径3～80 μm的细纤维。前者是玻璃纤维生产的主要方式，玻璃纤维是通过铂合金板以机械拉丝方法拉制的纤维。玻璃棉是借助离心力或高速气流制成的细、短、絮状纤维。玻璃纤维经加工，可做成股、束、毡、织布等不同形态的产品。

玻璃纤维的基本特点主要包括：

①拉伸强度高,伸长率小(一般小于 3%)。

②弹性系数大,刚性较佳。

③属于无机纤维,不易燃烧且耐化学性好。

④吸水性小,可透过光线。

⑤耐热性、尺度稳定性都比较好。

⑥价格便宜,高温下可熔成玻璃状小珠。

玻璃纤维特别是玻璃棉和有机纤维相比,它具有耐高温性、不燃性、抗腐蚀性、电绝缘性以及隔热、隔音性能好的优点,但是性脆、耐磨性比较差,玻璃纤维在电绝缘材料、工业过滤材料、防腐防潮、隔热隔音和减震材料中有良好的应用。玻璃纤维还可以作为增强材料,比如增强塑料或橡胶、增强石膏或水泥等。

(2)玻璃纤维的分类。

玻璃纤维的分类方式很多,一般主要有以下几种。

①根据玻璃中的碱含量,可将玻璃纤维分为无碱玻璃纤维(Na_2O 和 K_2O 含量和小于 0.8%,属铝硼硅酸盐玻璃)、中碱玻璃纤维(Na_2O 和 K_2O 含量和为 0.8%～1.2%,属含硼或不含硼的钠钙硅酸盐玻璃)和高碱玻璃纤维(Na_2O 和 K_2O 含量和大于 1.2%,属钠钙硅酸盐玻璃)。

②按照形态和长度,可分为连续纤维、短切纤维和玻璃棉。

③玻璃纤维按组成、性质和用途,分为不同的级别。按标准级规定:E 级玻璃纤维使用最普遍,广泛用于电绝缘材料;S 级为特殊纤维,虽然产量小,但很重要,因其具有超高强度,主要用于军事防御,如防弹箱等;C 级比 E 级更具耐化学性,用于电池隔离板、化学滤毒器;A 级为碱性玻璃纤维,用于生产增强材料。

(3)尼龙玻璃纤维简介。

随着社会的不断发展,质地单一的材料已无法满足人们对材料多方面性能的要求。用不同性能的基材进行复合,充分发挥优势互补,在不过多损害聚合物材料其他性能的同时,使其某些特定性能得到大幅度的提高,或者被赋予一些新的用途,从而进一步拓宽高聚物材料的应用领域,这已逐渐成为新材料发展的必然趋势。尼龙玻璃纤维是一种白色粉末,与普通塑料相比,其拉伸强度、弯曲强度有所增强,热变形温度以及材料的惯量有所提高,材料的热变形性和收缩率减小,但表面变粗糙,冲击强度略有降低。研究表明,在 PA 中加入 30% 的玻璃纤维,PA 的力学性能、尺寸稳定性、耐热性、耐老化性能有明显提高,耐疲劳强度则是未增强时的 5 倍。尼龙玻璃纤维材料主要应用于汽车、家电、电子消费品领域,尼龙玻璃纤维材料的成型工艺与未增强尼龙的大致相同,但因熔体黏度上升,所以注射压力和注射速度要适当提高。机筒温度提高 10 ℃～40 ℃。在加工时,玻璃纤维会沿熔体流动方向取向,从而增强了取向方向的力学性能和尺寸稳定性。

（4）尼龙玻璃纤维的性能。

在3D打印领域,玻璃纤维的加入提高了尼龙的力学性能、耐磨性能、触变性能、尺寸稳定性能和抗热变形性能,有效地改善了尼龙的可加工性,使其更吻合FDM的制作方式。但同时,玻璃纤维的加入也增加了制品的表面粗糙度,对于制品的外观会产生不利影响。

随着3D打印技术的迅速发展,玻璃纤维增强尼龙在3D打印领域的应用也得到了显著的增加。玻璃纤维不仅在一定程度上提高了尼龙的机械强度,更有效地改善了尼龙热收缩率高和尺寸稳定性差的缺陷,使其更加适合作为3D打印材料的需要。东北大学的学者将磨碎的玻璃纤维与浇铸尼龙结合制成浇铸尼龙玻璃纤维复合材料,当加入玻璃纤维后,制品收缩率降低,热变形温度提高20 ℃,该复合材料的拉伸强度提高了26%,弯曲强度提高了13%,压缩强度提高了36%,而且,由于尼龙玻璃纤维具有强度高和韧度高等特点,成型速度也很快,接收3D数据后,任意复杂的模型都可在短短数小时内一次成型,无须黏结。与传统的切削方法相比,使用3D打印技术制备尼龙玻璃纤维制品可以大幅度缩短模型的制作时间,降低制作成本。

（5）尼龙玻璃纤维在3D打印中的应用。

①打印汽车零部件。

尼龙玻璃纤维因其轻质高强度的特性,在汽车行业中得到了广泛的应用。当前,在汽车制造领域的应用里,3D打印技术在国外已经是相对成熟的技术,有很多成功的案例。尼龙玻璃纤维早已被广泛用于汽车保险杠、轴承等重要零件的制造中。

在汽车领域中,世界首辆3D打印汽车原型Urbee于2013年问世,它是世界上第一辆纯3D打印混合动力车,并且它是以电池和汽油作为动力燃料的三轮、双座混合动力车,由Urbee团队设计而成,其主要材料是尼龙玻璃纤维。由于Urbee设计团队对玻璃纤维增强聚合物复合材料的使用有丰富的经验,所以尼龙玻璃纤维材料被最大限度地应用于汽车玻璃钢罩、挡泥板、车顶,甚至汽车制造模具的打印中。尼龙玻璃纤维材料紧密、结实、可塑性高以及密度较低的特性,是可以作为3D打印原材料的主要原因。Urbee的制造宗旨便是用最少的能耗完成最长的行车距离,同时尽可能减少制造过程中对原材料的浪费,尼龙玻璃纤维的轻质高强度特性也充分满足了他们的需要。在整个制作过程中,他们采用选择性熔覆工艺(CFDM),将尼龙玻璃纤维材料切割成圆形横截面的薄层后再挤压成丝状,送入3D打印机带有黏合剂的喷头中。由于玻璃纤维对尼龙热变形性、尺寸稳定性和触变性能的有效提高及熔体流变性能的改变,使尼龙充分满足FDM打印的实际需要。通过喷头喷出的一层又一层的尼龙玻璃纤维丝状材料可达到人的头发丝那么细,从而有效保证了打印产品的精细度,进而保障了打印出的Urbee汽车零件具有很高的精密度。由于Urbee的整个车身使用3D打印技术一体成型,因此它具有其他片状金属材料所不具有的可塑性和灵活性。整个车的零件打印只需耗时 2500 h,其生产周期远远小于传统汽车制造周期,此外,尼龙玻璃纤维的低密度保证了车身重量远远低于传统的钢铁汽车重量。

②打印椅子和头盖骨模型。

荷兰设计师设计出一款称为高迪椅的 3D 打印作品(见图 2.1)。这把椅子的骨架采用尼龙玻璃纤维材料,不仅拥有高拉伸强度和尺寸稳定性,还保证了良好的耐热性。其表面材料选用了耐腐蚀、热膨胀系数小及高比强度、高比模量的碳素纤维,其性能比玻璃纤维更为优越,经过设计师精心打磨,制品晶莹剔透。这款椅子与日常我们所见到的椅子有所不同的是:它是一个完整的整体,无论是椅子腿还是椅子面甚至是靠背,它们之间没有任何的分界,完全融为一体。Ohtaki 和 Fukushima 利用 SLS 方法将尼龙和玻璃微珠复合粉末加工成头盖骨模型(见图 2.2),其表面及内部的结构孔、裂纹等突出形貌均得到良好的复制,非常适用于医用教学领域。

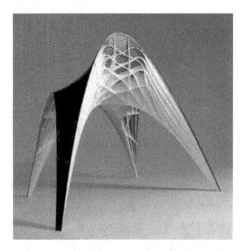

图 2.1　3D 打印高迪椅

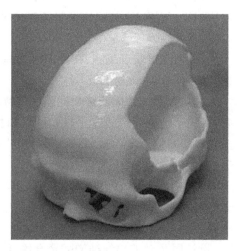

图 2.2　3D 打印头盖骨

3.橡胶类材料

(1)橡胶简介。

人们通常会从三大高分子材料之一的角色上来认识橡胶,其实较之塑料和纤维,橡胶还有更重要的地位,在四大工业原料——天然橡胶、煤炭、钢铁和石油中,天然橡胶是占有一席之地的,更重要的是,天然橡胶在四大原料之中,又是唯一的可再生资源。

橡胶可以从一些植物中取得(如天然橡胶),也可以是人造的(如丁苯橡胶等),而两者均有相当多的应用产品,如轮胎、垫圈等。橡胶类材料的颜色多为无色或浅黄色,加炭黑后显黑色。不同的橡胶产品具备不同级别的弹性材料特征,这些材料所具备的硬度、断裂伸长率、抗撕裂强度和拉伸强度,使其非常适合于要求防滑或柔软表面的应用领域。

橡胶以其优异的性能,在交通运输、工农业生产、建筑、航空航天、电子信息产业、医疗卫生等多个不同的领域都取得了极其广泛的应用,是国民经济和科技领域中不可缺少的战略资源之一。从橡胶发展的历史看,1900 年可以作为一个分水岭,之前人类对橡胶的认识与利用仅仅局限于天然橡胶,之后则慢慢进入人工合成橡胶的阶段。

橡胶发展历史中几个值得纪念的大事件如下:1826 年,Hancock 发明开放式炼胶机,实现了橡胶的塑炼;1839 年,Goodyear 发现硫黄和碱式碳酸铝可以使橡胶硫化,橡胶性能得到大幅提升;1904 年,S. C. Mote 发现炭黑对橡胶的补强作用;1909 年,霍夫曼获得世界第一项合成橡胶专利;1955 年,美国人利用齐格勒-纳塔催化剂人工合成了结构与天然橡胶基本一样的合成天然橡胶,随后用乙烯、丙烯制造的乙丙橡胶也获成功,齐格勒-纳塔催化剂的应用,推动合成橡胶跃上了新台阶。

橡胶的玻璃化温度低于室温。在通常温度下,橡胶除了具备高弹性的典型特征外,同时还具有耐疲劳、电绝缘、耐磨、耐腐蚀、耐溶剂和不透气、不透水等性能。人们在选择与评价橡胶时通常最关心其力学指标,主要包括硬度、弹性模量、抗拉强度、定伸强度、扯断伸长率、撕裂强度、阿克隆磨耗等。值得一提的是,人类需求在橡胶工业的发展中同样举足轻重。1888 年,Dunlop 发明的充气轮胎在汽车工业中的大量应用,是橡胶工业得以起飞的直接原因,目前有超过一半的橡胶消费被用于制作轮胎制品。另外,第一次和第二次世界大战的战争需求也极大地促进了橡胶的发展,时至今日,橡胶仍然是世界各国所关注的重要战略物资。

(2)橡胶的性能。

①抗拉强度:试样在被拉伸破坏时,原横截面单位面积上所受的力。虽然橡胶很少在纯拉伸条件下使用,但是橡胶的很多其他性能(如耐磨性、弹性、蠕变性等)与该性能密切相关。

②扯断伸长率:试样在被拉伸破坏时,伸长部分的长度与原来长度的比值。

③定伸强度:试样被拉伸规定伸长率(通常为 100%、300% 和 500%)时,拉力与拉伸前试样的截面积之比。

④硬度:橡胶抵抗变形的能力的指标之一。

⑤撕裂强度:试样在单位厚度上所承受的负荷,用来表征橡胶耐撕裂性的好坏。

另外,还有许多其他性能指标,如阿克隆磨耗、回弹性、耐老化性、压缩永久变形、低温特性等。

(3)橡胶类材料在 3D 打印中的应用。

橡胶的种类繁多,不同的橡胶具有不同的特殊属性,而不同橡胶的各种独特属性,正好与 3D 打印的个性化设计思路一致,可以赋予 3D 打印制品独特的性能,因而受到了广泛的关注。3D 打印的橡胶类产品主要有消费类电子产品、医疗设备、卫生用品以及汽车内饰、轮胎、垫片、电线、电缆包皮和高压、超高压绝缘材料等。它们主要适用于展览与交流模型、橡胶包裹层和覆膜、柔软触感涂层和防滑表面,以及旋钮、把手、拉手、把手垫片、封条、橡皮软管、鞋类等。

目前,橡胶类材料在 3D 打印中的应用非常广泛,以有机硅橡胶的使用最为普遍。近年来,硅橡胶工业迅速发展,为 3D 打印材料的选择提供了方便。有机硅化合物及通过它们制得的复合材料品种众多。性能优异的不同有机硅复合材料,已经通过 3D 打印在人们的日常生活中如农业生产、个人护理及日用品、汽车及电子电气工业等不同领域得到了广泛的应用。在 3D 打印领域,有机硅材料因为其独特的性能成为医疗器械生产(见图 2.3、图 2.4)的首选。有机硅材料手感柔软,弹性好,且强度较天然乳胶高。例如,在医疗领域里使用的喉罩要求很高,罩体必须透明,便于观察,它必须能很好地插入人体喉部,从而与口腔组织接触;舒适并能反复使用,保持干净清洁。首先,有机硅橡胶外观透明,可以满足各种形状的设计;其次,它与人体接触舒适,具有良好的透气性且生物相容性好,使人体不受感染,保持干净清洁;再次,它的稳定性比较好,能反复进行消毒处理而不老化,因此已成为利用 3D 打印技术制备喉罩的首选。有机硅黏结剂是有机硅压敏胶和室温硫化硅橡胶。其中有机硅压敏胶透气性好,长时间使用不容易感染而且容易移除,可作为优良的伤口护理材料。此外,有机硅橡胶还可以用于缓冲气囊、柔软剂、耐火保温材料、绝缘材料、硅胶布等制品的生产。

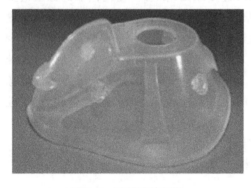 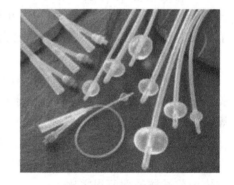

图 2.3　医用硅胶面罩　　　　　　　　　图 2.4　医用导管

4. ABS 材料

(1)ABS 材料简介。

ABS(acrylonitrile butadiene styrene)是丙烯腈、丁二烯和苯乙烯的三元共聚物,A 代表丙烯腈,B 代表丁二烯,S 代表苯乙烯。丙烯腈有高强度、热稳定性及化学稳定性;丁二烯具有坚韧性、抗冲击特性;苯乙烯具有易加工、高光洁及高强度的特性。

由丙烯腈、丁二烯和苯乙烯共聚而成的工程塑料 ABS,是一种非结晶性材料,具有强度高、韧度高、尺寸稳定性好、易于加工成型等特性的热塑性高分子材料结构,又称 ABS 树脂。

　　ABS 塑料一般是不透明的,外观呈浅象牙色、无毒、无味,有极好的冲击韧度、尺寸稳定性好,电性能、耐磨性、抗化学药品性、染色性、成型加工和机械加工都比较好,如图 2.5 所示。ABS 是一种综合性能良好的树脂,在比较宽广的温度范围内具有较高的冲击韧度和表面硬度,热变形温度比 PA、聚氯乙烯(PVC)高,尺寸稳定性好。ABS 的流动特性属于非牛顿流体,其熔体黏度与加工温度和剪切速率都有关系,但对剪切速率更为敏感。ABS 的触变性优越,适合 FDM 打印的需要。

图 2.5　多种颜色的 ABS 线材

　　(2)ABS 材料的性能。

　　ABS 有优良的力学性能:首先,其冲击韧度极好,可以在极低的温度下使用,即使 ABS 制品被破坏,也只能是拉伸破坏而不会是冲击破坏;其次,ABS 在具有优良的耐磨性能、较好的尺寸稳定性的同时又具有耐油性,所以可用于中等载荷和转速下的轴承。在塑料中,ABS 的弯曲强度和压缩强度是较差的,并且力学性能受温度的影响较大。

　　ABS 属于无定形聚合物,所以没有明显的熔点,熔体黏度较高,流动性差,耐候性较差,紫外线可使其变色;热变形温度为 70 ℃~107 ℃(常为 85 ℃左右),而其制品经退火处理后的热变形温度还可提高 10 ℃左右。ABS 对温度、剪切速率都比较敏感,在−40 ℃时还能表现出一定的韧度,因此可以在−40 ℃~85 ℃的范围内长期使用。

　　ABS 的电绝缘性较好,并且几乎不受温度、湿度和频率的影响,可在大多数环境下使用。

　　ABS 不受水、无机盐、碱醇类和烃类溶剂及多种酸的影响,但可溶于酮类、醛类及氯代烃,受冰乙酸、植物油等侵蚀会产生应力开裂。

（3）ABS 材料在 3D 打印中的应用。

ABS 是 3D 打印中最常用的热塑性塑料，但不能生物降解。ABS 良好的强度、柔韧性、机械加工性及抗高温性能常常使其成为工程师的首选塑料。此外，它具有极好的耐磨性和抗冲击吸收能力。大多数 ABS 部件存在的最大精度障碍就是与 3D 打印机工作基板直接接触的打印表面易出现向上卷曲的问题，这需要提前加热工作基板（一般 50 ℃～110 ℃）以确保模型底部光滑、平整和洁净，以消除卷曲现象。研究发现，采用 ABS/丙酮混合物，或使用发胶喷枪能够避免打印表面产生卷曲。然而，在打印较大的物体时应小心 3D 模型冷却过程中由热应力所引起的翘曲变形。图 2.6 为 3D 打印的 ABS 行星齿轮及链条模型。

图 2.6　3D 打印的 ABS 行星齿轮及链条模型

（4）ABS 改性材料。

为了进一步提高 ABS 材料的性能，并使 ABS 材料更加符合 3D 打印的实际应用要求，人们对现有的 ABS 材料进行改性，又开发了 ABS-ESD、ABSplus、ABSi 和 ABS-M30i 等四种适用于 3D 打印的新型 ABS 改性材料。

①ABS-ESD 材料。

ABS-ESD 是美国 Stratasys 公司研发的一种理想的 3D 打印用的抗静电 ABS 材料，材料变形温度为 90℃，具备静电消散性能，可以用于防止静电堆积，主要用于易被静电损坏、降低产品性能或引起爆炸的物体。因为 ABS-ESD 可以防止静电积累，所以不会导致静态震动，也不会造成像粉末、尘土和微小颗粒的物体表面吸附。该材料在 3D 打印中能理想地用于电路板等电子产品的包装和运输，减少每年因静电造成的巨大损失，降低弹药装置爆炸事故的发生，广泛用于电子元器件的装配夹具和辅助工具、电子消费品和包装行业，如图 2.7 所示为 ABS-ESD 电子材料制品。

②ABSplus 材料。

ABSplus 材料是 Stratasys 公司研发的专用 3D 打印材料，ABSplus 的硬度比普通的 ABS 材料大 40%，是理想的快速成型材料之一。ABSplus 材料经济实惠，

图 2.7　电子材料制品(硬盘卡具)

设计者和工程师可以反复进行工作,经常性地制作原型以及更彻底地进行测试,同时它特别耐用,使得概念模型和原型看上去就像最终产品一样。使用 ABSplus进行 3D 打印,能在 FDM 技术的辅助下有最广泛的颜色(象牙色、白色、黑色、深灰色、红色、蓝色、橄榄绿、油桃红以及荧光黄)可供选择,同时也可选择自定义颜色,让打印过程变得更有效和有趣。用这种 3D 打印材料制作的部件具备持久的机械强度和稳定性。此外,因为 ABSplus 能够与可溶性支撑材料一起使用,因而无须手动移除支撑,即可轻松制造出复杂形状以及较深的内部腔洞。因此,ABSplus Series是最好用和易用的 ABS 耗材,通过弥补 ABS 材料固有的容易翘曲和开裂的缺陷,在最大限度保留材料原有卓越的力学性能的基础上,让它变得更适合 3D 打印。使用 ABSplus 标准热塑性塑料可以制作出更大面积和更精细的模型,其服务领域涉及航空航天、电子电器、国防、船舶、医疗、玩具、通信、汽车等各个行业。使用 ABSplus 制备的各类产品如图 2.8、图 2.9 所示。

图 2.8　建筑模型

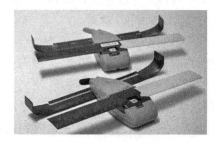

图 2.9　3D 打印无人机

③ABSi 材料。

ABSi 为半透明材料,具备汽车尾灯的效果,具有很高的耐热性、高强度,呈琥珀色,能很好地体现车灯的光源效果。材料颜色有半透明、半透明淡黄、半透明红等,材料热变形温度为 86 ℃。该材料比 ABS 多了两种特性,具有半透明度以及较高的耐撞击力,所以命名为 ABSi,i 即 impact(撞击)。同时,ABSi 的强度要比 ABS 的强度高,耐热性更好。利用 ABSi 材料,可以制作出透光性好、非常绚丽的艺术灯,它也被广泛地应用于车灯行业,如汽车 LED 灯(见图 2.10)。ABSi 除了用于汽车车灯等领域,还可以用于医疗行业。

图 2.10 ABSi 材料汽车尾灯

ABSi 材料主要采用 FDM 技术进行 3D 打印,其制品主要包括现代模型、模具和零部件制造,未来将在航空航天、家电、汽车、摩托车等领域得到广泛的应用,它在工程和教学研究等领域也将拥有一席之地。使用 ABSi 材料和 FDM 技术构建半透明琥珀色、红色、自然色原型部件,半透明部件同样能检测流体运动,例如在医疗器材原型制作中(见图 2.11),创建概念模型和功能原型并且模拟最终产品。ABSi 材料还可以让设计师和工程师超越坚固不透明部件的制作范围。

④ABS-M30i 材料。

ABS-M30i 材料的颜色为白色,是一种高强度材料,具备 ABS-M30 的常规特性,热变形温度接近 100 ℃。在 3D 打印材料中,ABS-M30i 材料拥有比标准 ABS 材料更好的拉伸性、抗冲击性及抗弯曲性。ABS-M30i 制作的样件通过了生物相容性认证(如 ISO 10993 认证),可以通过 γ 射线照射及 ETO 灭菌测试。它能够让医疗、制药和食品包装工程师和设计师直接通过 CAD 数据在内部制造出手术规划模型、工具和夹具。ABS-M30i 材料通过与 FORTUS 3D 成型系统配合,能带来真正的具备优秀医学性能的概念模型、功能原型、制造工具及最终零部件的生物相容性部件,是最通用的 3D 打印成型材料。它在食品包装、医疗器械、口腔外科等领域有着广泛的应用。

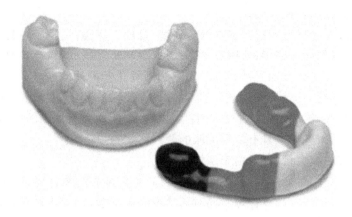

图 2.11 ABS-M30i 材料用于口腔外科

5. 聚乳酸材料

（1）聚乳酸材料简介。

聚乳酸（PLA）又名玉米淀粉树脂，是一种新型的生物降解材料，使用可再生的植物资源（如玉米）所提取出的淀粉原料制备而成，具有良好的生物可降解性。聚乳酸熔体具有良好的触变性和可加工性，可采用多种方式精细加工，如挤压、纺丝、双轴拉伸、注塑吹塑等。聚乳酸玻化转变温度为 $60\sim65\ ℃$，熔点为 $150\sim160\ ℃$，与 ABS 相比，它用于打印成型时有以下优点：①加热熔融聚乳酸时，不会发出难闻的气味；②用聚乳酸打印成型时，成型件的翘曲变形较小，不必对成型室或基板采取加热保温措施；③聚乳酸成型件废弃后可通过自然分解、堆放、焚化等方式快速降解，最终生成二氧化碳和水，不污染环境，因此聚乳酸是一种具备良好使用性能的绿色塑料。与 ABS 相比，聚乳酸较脆，但经过短时间冷却后，聚乳酸成型件具有一定的柔韧性。

由聚乳酸制成的产品除具有良好的生物降解能力外，其光泽度、透明性、手感和耐热性也很不错。聚乳酸具有优越的生物相容性，被广泛应用于生物医用材料领域。此外，聚乳酸也可用作包装材料、纤维和非制造物等方面。

（2）聚乳酸的性能。

与其他高分子材料相比，聚乳酸具有很多突出的优异性能，使其在 3D 打印领域拥有广泛的应用前景。

①聚乳酸（PLA）是由从可再生植物资源（如玉米）中所提取的淀粉原料制成的。淀粉原料经由发酵过程制成乳酸，再通过化学合成转换成聚乳酸。因此，它具有良好的生物可降解性，使用后能被自然界中的微生物完全降解。聚乳酸塑料使用后一般采取土壤掩埋的降解方式，分解产生的二氧化碳直接进入土壤有机质或被植物吸收，不会排入空气中，不会造成温室效应。而普通塑料的处理方法大多是焚烧火化，不仅严重污染环境，还会造成大量的温室气体排入空气中。

②聚乳酸拥有良好的光泽性和透明度，与聚苯乙烯所制成的薄膜相当，是一

种可降解的高透明性聚合物。

③聚乳酸具有良好的抗拉强度及延展度,可加工性强,适用于各种加工方式,如熔化挤出成型、射出成型、吹膜成型、发泡成型及真空成型。在 3D 打印中,聚乳酸良好的流变性能和可加工性,保证了其对 FDM 工艺的适应性。

④聚乳酸薄膜具有良好的透气性、透氧性及透二氧化碳性能,并具备优良的抑菌及抗霉特性,因此,在 3D 打印制备生物医用材料中具有广阔的市场前景。

与此同时,聚乳酸也具有需要克服的缺点:

①聚乳酸中有大量的酯键,亲水性差。

②聚乳酸的相对分子质量过大,聚乳酸本身又为线性聚合物,使得聚乳酸材料的脆性高,强度往往难以保障。同时其热变形温度低、抗冲击性差,也在一定程度上制约了它的发展。

③聚乳酸的降解周期难以控制,导致产品的服务期难以确定。

④聚乳酸生产价格较高,较难以实现大众化应用。

(3)聚乳酸材料在 3D 打印中的应用。

聚乳酸材料因其卓越的可加工性和生物降解性能,已成为目前市面上所有 FDM 技术的桌面型 3D 打印机最常使用的材料。由于聚乳酸具有可快速降解,良好的热塑性、机械加工性、生物相容性及较低的熔体强度等优异性能,所以它的打印模型更易塑形,表面光泽,色彩艳丽,如图 2.12 所示。聚乳酸在 3D 打印过程中不会像 ABS 塑料线材那样释放出刺鼻的气味,同时它的变形率小,仅是 ABS 耗材的 1/10 到 1/5。聚乳酸 3D 打印耗材产品强度高,韧度高,线径精准,色泽均匀,熔点稳定。它在 3D 打印中的特点是具有很好的生物相容性,进入生物体内后可以降解成乳酸,通过代谢排出体外。

图 2.12　用 PLA 材料打印出来的花瓶

聚乳酸对人体绝对无害和可完全生物降解的特性使得聚乳酸在一次性餐具、食品包装材料等一次性用品领域具有独特的优势,特别是在欧盟、美国及日本对于环保具有高要求的国家及地区已开始使用,但是采用聚乳酸原料加工的一次性餐具存在着不耐温、不耐油,无法微波加热等缺陷,这些还需克服。此外,聚乳酸在汽车工业和电子领域的应用也逐渐为人们所接受。

生物医药行业是聚乳酸最早开展应用的领域,同时,聚乳酸也是 3D 打印在生物医用领域最具发展前景的材料。聚乳酸对人体有高度安全性并可被组织吸收,加之其优良的力学性能,可应用在生物医药的诸多领域,如一次性输液工具、免拆型手术缝合线、药物缓解包装剂、骨折内固定材料、组织修复材料、人造皮肤等。传统血管支架通常由记忆金属制成,然后通过血管被置入设定的位置,自动承担扩张血管的使命。然而,金属支架的问题在于无法降解。也就是说,除非人为将支架取出,否则它将永远留在体内,由此带来的组织增生等并发症和因长久停留对人体造成的不利影响可以想象。而使用聚乳酸作为 3D 打印耗材,利用其良好的生物相容性、可降解性和材料自身的形状记忆功能,打印心脏支架则可有效克服上述缺陷。目前,高分子量的聚乳酸有非常高的力学性能,在欧美等国已被用来替代不锈钢,作为新型的骨科内固定材料如骨钉、骨板而被大量使用,其可被人体吸收代谢的特性使病人免受了二次开刀之苦。采用 3D 打印技术用聚乳酸制备接骨板等生物医用材料的研究也屡见报道。

然而,聚乳酸作为 3D 打印耗材也有其天然的劣势。比如,打印出来的物体性脆,抗冲击能力不足。此外,聚乳酸的耐高温性较差,物体打印出来后在高温环境下就会直接变形等问题,也在一定程度上影响了聚乳酸在 3D 打印领域的应用。而中国台湾的工业技术研究院(Industrial Technology Research Institute,ITRI)研制了一种 PLA 混合物,其抵抗温度能达到 100 ℃,这一性能或许能提高 PLA 打印部件的精度。如图 2.13 所示为强韧 PLA 材料制作的 3D 打印电吉他。

图 2.13　用强韧 PLA 材料制作的 3D 打印电吉他

PLA 和 ABS 材料可以制作的东西多种多样，并且有很多重叠。因此，从普通产品本身很难判断，对比观察，ABS 呈亚光，而 PLA 很光亮。加热到 195 ℃，PLA 可以顺畅挤出，ABS 则不可以。加热到 220 ℃，ABS 可以顺畅挤出，PLA 会出现鼓起的气泡，甚至被碳化。碳化会堵住喷嘴，非常危险。因此，选择 PLA 材料或是 ABS 材料，要根据产品性能及打印设备的工作温度情况等多方面因素综合确定。

6. 聚碳酸酯

（1）聚碳酸酯材料简介。

聚碳酸酯（polycarbonate，PC）是一种从 20 世纪 50 年代末期发展起来的无色高透明度的热塑性工程塑料。密度为 $1.20\ g/cm^3 \sim 1.22\ g/cm^3$，线膨胀率为 $3.8 \times 10^{-5}\ cm/℃$，热变形温度为 135 ℃。

聚碳酸酯是一种具有耐冲击、韧度高、耐热性高、耐化学腐蚀、耐候性好且透光性好的热塑性聚合物，被广泛应用于眼镜片、饮料瓶等各种领域。聚碳酸酯最早由德国拜耳公司于 1953 年研发制得，并在 20 世纪 60 年代初实现工业化，在 90 年代末实现大规模工业化生产，现在已成为产量仅次于聚酰胺的第二大工程塑料。聚碳酸酯早期是由双酚 A 和光气聚合而成，现在已经不再使用光气进行生产了。目前，美国通用公司是全球最大的聚碳酸酯生产企业。悬挂的 PC 材料甚至可以抵挡一定距离的子弹冲击。PC 材料的热变形温度为 138 ℃，颜色比较单一，只有白色，但其强度比 ABS 材料高出 60% 左右，具备超强的工程材料属性，广泛应用于电子消费品、家电、汽车制造、航空航天、医疗器械等领域。PC 具有极高的应力承载能力，适用于需要经受高强度冲击的产品，因此也常常被用于果汁机、电动工具、汽车零件等产品的制造。图 2.14 所示为聚碳酸酯材料。

图 2.14 聚碳酸酯材料

(2)聚碳酸酯材料的性能。

聚碳酸酯与3D打印制备工艺选择及制品相关的主要性能如下。

①热性能。

PC分子主链上的苯环不是刚性的,碳酸酯基是极性吸水基,虽然具有柔性,但它与两个苯环构成的共轭体系,增加了主链的刚性和稳定性,因此,PC具有很好的耐高温、低温性质。聚碳酸酯在120 ℃下具有良好的耐热性,其热变形温度达135 ℃,热分解温度为340 ℃,热变形温度和最高连续使用温度均高于绝大多数脂肪族PA,也高于几乎所有的通用热塑性塑料。在工程塑料中,它的耐热性优于聚甲醛、脂肪族PA,并与聚对苯二甲酸乙二酯(PET)相当。PC具有良好的耐寒性,催化温度为−100 ℃,一般使用温度为−70 ℃～120 ℃。PC的热导率及比热容都不高,在塑料中属于中等水平,但与其他非金属材料相比,仍然是良好的热绝缘材料。聚碳酸酯的加工温度较高,但熔体触变性好,热膨胀系数不大,因此主要选用洁净、便利的FDM工艺进行3D打印制备产品。

②力学性能。

PC的分子结构使其具有良好的综合力学性能,如很好的刚性和稳定性,拉伸强度高达50 MPa～70 MPa,冲击韧度高于大多数工程塑料,抗蠕变性也明显优于聚酰胺和聚甲醛。PC分子链在外力作用下不易移动、抗变形能力好,但它又限制了分子链的取向和结晶,一旦取向,又不易松弛,只是耐应力不易消除,容易产生耐应力冻结现象。所以PC在力学性能上有一定的缺陷,如易产生应力开裂、缺口敏感性高、不耐磨等,因此用其制备一些抗应力材料时需进行改性处理。

③电性能。

PC分子链上的苯撑基和异丙撑基的存在,使得PC为弱极性聚合物,其电性能在标准条件下虽不如聚烯烃和PS等,但耐热性比它们强,所以可在较宽的温度范围保持良好的电性。因此,该耐高温绝缘材料可以应用于3D打印中。

④透明性。

由于PC分子链上的刚性和苯环的体位效应,它的结晶能力比较差。PC聚合物成型时的熔融温度和玻璃化转变温度都高于制品成型的模温,所以它很快就从熔融温度降低到玻璃化转变温度之下,完全来不及结晶,只能得到无定形制品。这就使得PC具有优良的透明性。它的密度为1.20 g/cm³,透光率可达90%,常常被用于一些高透光性产品如个性化眼镜片和灯罩的打印之中。

当前,有许多国内外公司销售聚碳酸酯材料。其中美国公司销售的聚碳酸酯材料最适合于在3D打印中制备工程塑料高强度部件。PC具有高强度与抗弯强度特性,这使它成为制备承受弯曲与复合受力的工具的理想之选。

(3)聚碳酸酯材料在3D打印中的应用

PC材料是一种真正的热塑性工程塑料,具备工程塑料的所有特性:高强度、耐高温、抗冲击、抗弯曲,可以作为最终零部件使用。而且PC材料具有硬而韧、透光性好的性质,其冲击韧度是工程塑料中最高的,可用于制备飞机挡风板、透明仪表板等,也是制备 CD 光盘的原料。使用 PC 材料制作的样件,可以直接装配使用,应用于交通工具及家电行业。聚碳酸酯是一种综合性能优越的工程塑料,PC 的成型收缩率小(0.5%～0.7%),尺寸稳定性高,因而适合使用 FDM 技术制备精密仪器中的齿轮、照相机零件、医疗器械的零件。PC 还具有良好的电绝缘性,是制备电容器的优良材料。PC 的耐温性好,可重复消毒使用,便于制造一些生物医用材料。

目前,国内外都非常重视聚碳酸酯在 3D 打印技术中的应用,美国已经将聚碳酸酯应用在 3D 打印技术制备笘机发动机叶片、燃气涡轮发动机零部件等领域中,并计划将其进一步应用于太空轨道修复方面。我国在以聚碳酸酯为原料,使用 3D 打印技术制造金属零件及损伤零部件再制造方面也进行了深入的研究,并取得了一系列的研究成果。

长期以来,聚碳酸酯一直被用在对透明性和冲击强度要求都很高的领域。目前,由于材料性能的提高和新出现的市场机会,PC 在不同领域的用量和市场潜力正不断增长。拿手机壳来说,诺基亚已推出了 款用 3D 打印的聚碳酸酯手机壳。不仅如此,诺基亚还发布了一款手机壳的开发包,用户可以自行设计自己喜欢的手机壳类型。

当前,随着人们对 3D 打印技术研究的不断深入,聚碳酸酯应用的很多领域都已开发了多种 3D 打印产品,而聚碳酸酯因其可使用 FDM 技术进行加工的便利条件,已成为这些领域 3D 打印材料的首选。聚碳酸酯的应用领域如下。

①建筑行业。

在建筑行业传统使用的是无机玻璃,而聚碳酸酯材料具有良好的透光性、强的抗冲击性能、耐紫外线辐射、尺寸稳定性好及其优异的成型加工性能,所以它比无机玻璃有更多技术性能优势。使用聚碳酸酯材料 3D 打印的透明室内装饰材料也早已进入了人们生活之中。

②汽车制造工业。

聚碳酸酯具有良好的抗冲击性能,硬度高、耐热畸变性能和耐候性好,因此可用于生产轿车和轻型卡车的各种零部件,如保险杠、照明系统、仪表板、除霜器、加热板等。在发达国家,聚碳酸酯在电子电气、汽车制造业中使用的比例在 40%～50%。目前中国迅速发展的支柱产业有电子电气和汽车制造业,未来这些领域对聚碳酸酯的需求量将是巨大的。当前,3D 打印的一个主要应用就是打印各种个性化灯罩和其他透明产品,这方面所使用的打印材料大多是聚碳酸酯材料,因而聚碳酸酯在这一领域的应用是极有拓展潜力的。

③生产医疗器械。

由于聚碳酸酯制品可经受蒸汽、清洗剂、加热和大剂量辐射消毒,且不发生变黄和物理性能下降,因而被广泛应用于人工肾血液透析设备和需反复消毒的医疗设备中,这些器械需要在透明、直观的条件下操作,如医用冻存管支架、高压注射器、一次性牙科用具、外科手术面罩、血液分离器等。随着量身定制最贴合病患的医疗器械的不断发展,3D 打印在医疗器械领域的发展日益迅猛,聚碳酸酯也已作为一种重要的打印原材料进入该领域。

④航空航天领域。

随着现代社会航空航天技术的迅猛发展,对航天器中各种部件的要求也不断提高,使得 PC 在航空航天领域的应用不断增加。据统计,仅一架波音飞机上所用的聚碳酸酯部件就达 2500 个,而通过玻璃纤维增强的聚碳酸酯部件在宇宙飞船上有广泛的应用。当前,美国等已经开始将聚碳酸酯用于 3D 打印航空航天零部件的研发之中。随着 3D 打印在航空航天领域的进一步发展,聚碳酸酯在该方向的应用必将得到更大的拓展。

⑤电子电气领域。

在较宽的温度、湿度范围内,聚碳酸酯具有良好而恒定的电绝缘性,所以是优良的绝缘材料。同时其优良的难燃性和较好的尺寸稳定性,使其在电子电气行业有广阔的应用领域。当前,聚碳酸酯树脂主要用于生产各种食品加工机械、电动工具外壳、冰箱冷冻室抽屉和真空吸尘器零件等。聚碳酸酯材料在对于零部件精度要求较高的计算机、彩色电视机和录像机中的重要零部件方面,也显示出了极高的使用价值。在这方面,利用 3D 打印技术制备的聚碳酸酯产品也早已为人所知。

7. 聚亚苯基砜材料

(1)聚亚苯基砜材料简介。

砜聚合物(sulfone polymers)是一类化学结构中含有砜基(—SO_2—)的芳香族非晶聚合物,包括聚砜(polysulfone,SF)、聚醚砜(polyethersulfone,PES)和聚亚苯基砜(polyphenylsulfone,PPSF)。砜聚合物具有优异的综合性能,如较好的力学性能和介电性能,还具有良好的耐热性能、耐蠕变性及阻燃性能和较好的化学稳定性、透明性。由于它还具有食品卫生性,所以获得美国食品及药品管理局(FDA)的认证,它可以与食品和饮用水直接接触。因此,该类聚合物已经在汽车、电子电气、医疗卫生和家用食品等领域内获得了广泛的应用。聚芳砜通常都有优良的尺寸稳定性、耐磨性、耐化学腐蚀、生物相容性、介电性能等特点。因此,它适用于制备汽车、飞机中耐热的零部件,也可用于制备线圈骨架和电位器的部件等。此外,聚芳砜的成膜性很好,已被大量地用于微孔膜的制备中。

PPSF 材料是所有热塑性材料里面强度最高、耐热性最好、抗腐蚀性最高、韧性最强的材料,被广泛应用于航天工业、汽车工业、商业交通工具行业以及医疗产品业。

(2)聚亚苯基砜材料的性能。

聚亚苯基砜(PPSF)材料是支持 FDM 技术的新型工程塑料,其颜色为琥珀色,耐热温度为 207.2 ℃～230 ℃,材料热变形温度为 189 ℃,适合高温的工作环境。

PPSF 可以持续暴露在潮湿和高温环境中而仍能吸收巨大的冲击,不会产生开裂或断裂。若需要缺口冲击强度高、耐应力开裂和耐化学腐蚀的材料,PPSF 是最佳的选择。PPSF 材料打印的产品性能稳定、综合机械性能和耐热性能好,通过与 Fortus 设备配合使用,可以达到非常好的效果。

与其他工程塑料相比,PPSF 有很多独特的性能,其主要性能如下。

①热性能。

PPSF 原料的热分解温度都比较高,热稳定性能良好,因此在高温环境下使用的元器件就常常用 PPSF 打印。

②流变性能。

流变性能是材料用于 3D 打印特别是 FDM 技术打印的关键所在。PPSF 属于典型的假塑性流体,其熔体的黏度随剪切速率的增加而降低,即熔体触变性良好。

PPSF 材料具备针对任何 FDM 工艺热塑性塑料的最高耐热性、良好的机械强度与耐石油溶剂的性质。它与 FDM 技术相结合,能够制作出具有耐热性且可以接触化学品的 3D 打印部件,如汽车发动机罩原型、可灭菌医疗器械、对内部要求高的应用工具等。

(3)聚亚苯基砜材料在 3D 打印中的应用。

PPSF 是一种高性能、多功能、多用途和易加工的特种工程塑料,并且还是一种高端高分子材料。通过快速成型机制备的 PPSF 制件坚如硬木,可承受300 ℃高温,经表面处理(如喷涂清漆、高分子材料或金属)后可用作砂型铸造木模、低熔点合金铸造模和试制用注塑模。由于 PPSF 具有良好的力学性能、极好的尺寸稳定性以及优良的热稳定性能,作为 3D 打印的材料,被广泛应用于电子电气、汽车、医疗和家用食品等领域。此外,在燃料电池、节拍器和高性能薄膜等创新领域,砜聚合物均有所应用。随着 3D 打印技术的不断发展,PPSF 材料在多个领域得到了进一步的发展。

①电子电气领域。

在较宽的温度和频率范围内,PPSF 均能保持其优秀的力学性能。因此,PPSF 可用于印刷仪表板、线路板,并且能制作不同的电子电气零部件,如接触器、绝缘套管等,还可以制成各种厚度的薄膜。目前电子电气零部件都在向不同的方向发展,要求做到小型、质轻、耐高温等,所有这些要求都促进了 PPSF 在电子电气领域的应用(以后将有望用 3D 打印机打印各种薄膜、套管等)。

②医疗领域。

用于医疗领域的材料都须满足各种要求,例如在有热水或蒸汽的环境下,材料要有较长的使用寿命和抗蠕变性,并且能经受各种反复消毒和冲洗,同时还必须要有生物惰性和耐化学腐蚀性。而 PPSF 可以代替金属,不仅可以降低成本,同时能够减轻质量,因此 PPSF 可以制成各种医疗制品,比如外科手术盘、牙科器械、实验室器械和液体容器等(若能以 PPSF 作为原材料,用 3D 打印机打印出我们所需要的医疗制品,必将造福全人类)。

③家用食品领域。

PPSF 无毒而且获得了美国 FDA 的认证,可与食品和饮用水直接接触,可制成与食品反复接触的制品,如饮料盒、牛奶盒、蒸汽餐盘、微波烹调器及农产品盛器等。最近几年,聚碳酸酯(PC)婴儿塑料奶瓶在多个国家和地区遭到禁售,是因为在加热时该材料可能会有有毒物质析出,会对婴儿的免疫系统造成损害。而 PPSF 会成为 PC 的一个优秀替代者。与 PC 相比,PPSF 的耐冲击性与 PC 的基本相同,但它不含双酚 A,具有高透明性、水解稳定性,可经受重复的蒸汽消毒(如果可用 3D 打印机直接打印各种盛器,可以大大减少人力资源)。

进入 21 世纪之后,3D 打印之所以如此受欢迎,是因为它能够将物体的设计、复制或创造快速地由概念变为现实。目前大多数 3D 打印耗材是塑料,使用 PPSF 材料通过 FDM 技术可以直接加工制造出各种不同领域(如航空航天、军事、民用方面)的耐高温、高强度功能性零件或产品。所以无论是从社会经济发展需求,还是从经济效益来考虑,PPSF 的开发和应用都是相当必要的。

8. 聚醚酰亚胺材料

(1)聚醚酰亚胺材料简介。

聚醚酰亚胺是聚酰亚胺的一种。聚酰亚胺(PI)是最早研发和使用的特种塑料。1908 年,Bogert 和 Rebshaw 通过 4-氨基邻苯二甲酸酐的熔融自聚,首次实验室制备了聚酰亚胺,但当时并未引起重视。20 世纪中叶,随着航空航天的发展,对于高耐温性能、高强度的树脂材料要求日益迫切,聚酰亚胺开始为人们所关注。1965 年,杜邦公司推出了全球第一个聚酰亚胺薄膜及清漆产品,开启了聚酰亚胺走向商品化的历程。20 世纪 70 年代,美国国家航空航天局(NASA)研发出 PMR 热固性聚酰亚胺树脂,成功解决了聚酰亚胺加工困难的问题,并研发出热分解温度达 600℃的聚苯并噻唑酰亚胺树脂。自此聚酰亚胺得到了快速的发展。目前全球聚酰亚胺的主要生产地区包括美国、西欧、俄罗斯、中国、韩国等。聚酰亚胺具有耐高温性、良好的力学性能、很好的介电性能、很强的耐辐照能力以及自熄性、安全无毒,高生物相容性、血液相容性,低细胞毒性等优点,而且能耐大多数溶剂,但易受浓碱和浓酸的侵蚀,所以主要应用于宇航和电子工业中。聚酰亚胺还可用于制造特殊条件下的精密零件,如耐高温、高真空自润滑轴承,密封圈,压缩机活塞环等。利用聚酰亚胺制成的泡沫材料,可用于保温防火材料、飞机上的屏蔽材料等的生产。

1982 年,美国通用公司开始销售热塑性聚酰亚胺品牌,其中聚醚酰亚胺(polyetherimide,PEI)由于成本较低,加工便利,先后推出多个系列品牌,均广受欢迎,是聚酰亚胺市场上占有率最高的品种。聚醚酰亚胺的耐化学性范围很宽,例如耐多数碳氢化合物、醇类和卤化溶剂。它的水解稳定性很好,抗紫外线、γ 射线的能力强。聚醚酰亚胺属于耐高温结构热塑性塑料,它是具有杂环结构的缩聚物,由有规则的交替重复排列的醚和酰亚胺环构成。

美国通用公司当年销售的聚醚酰亚胺商品名为"ULTEM",ULTEM 树脂是一种无定形热塑性聚醚酰亚胺。由于具有最佳的耐高温性及尺寸稳定性,以及抗化学性、高强度、阻燃性、高刚性等特性,因此 ULTEM 树脂可广泛应用于耐高温端子、IC 底座、FPCB(软性线路板)、照明设备、液体输送设备、医疗设备、飞机内部零件和家用电器等。聚醚酰亚胺(ULTEM)有多种型号,如 ULTEM 9075 和 ULTEM 9085。

(2)聚醚酰亚胺材料的性能。

ULTEM 材料的性能如下:

①PEI 的特点是在高温下具有高的强度、高的刚性、耐磨性和尺寸稳定性。

②PEI 是琥珀色透明固体,不添加任何添加剂就有固有的阻燃性和低烟度,氧指数为 47%,燃烧等级为 UL94-V-0 级。

③PEI 的密度为 $1.28 \text{ g/cm}^3 \sim 1.42 \text{ g/cm}^3$,玻璃化转变温度为 215 ℃,热变形温度为 198 ℃~208 ℃,可在 160 ℃~180 ℃下长期使用,允许间歇最高使用温度为 200 ℃。

④PEI 具有优良的机械强度、电绝缘性能、耐辐射性、耐高低温及耐疲劳性能和成型加工性,加入玻璃纤维、碳纤维或其他填料可达到增强改性目的。

⑤极佳的耐化学品和耐辐射性能。

⑥独特的强度和刚性。

⑦透明性。

ULTEM 9085 材料(见图 2.15)是 ULTEM 材料中应用最广泛的,它的颜色为琥珀色,防火、无烟、无毒,通过国家家具质量监督检验中心(FST)认证。材料的热变形温度为 153 ℃,耐热温度超过 160 ℃。

图 2.15　ULTEM 9085 材料

(3)聚醚酰亚胺材料在3D打印中的应用。

聚醚酰亚胺材料针对FDM工艺,具有完善的热学、机械以及化学性质。因其FST评级、高强度重量比,将成为航空航天、汽车与军队应用产品的理想之选。其先进的应用包括飞机内部组件和管道系统的最终用途零件的功能测试、制造加工以及直接数字式制造。这种高性能FDM热塑性塑料将成为一些需要耐热以及耐化学性的3D打印产品的重要选择。

美国一家塑料公司开发了满足飞机内装饰的符合更加严格标准的新树脂。该新树脂有良好的流动性和塑性,所以可以做成抗高冲击强度的薄壁件,可减重5%~15%。这种新的材料在ULTEM系列中具有最高的模量,从而可提供高的刚度以保证良好的耐久性。与所有的ULTEM树脂一样,新的材料具有内在的阻燃性。与ULTEM 9075相比,ULTEM 9085在塑性上改进达25%,流动性提高了3倍,从而可降低零件重量及所需树脂量。新的树脂比前代的颜色浅,易于实现特定的艺术效果。这些改进为ULTEM 9085走入3D打印领域提供了坚实的基础。

由于ULTEM 9085具有优越的综合性能,因此这类材料可卓有成效地应用于电子、电机和航空等工业部门,并用作生产传统产品和文化生活用品的金属代用材料。

①在电子与电机工业部门,用聚醚酰亚胺材料制造的零部件获得了广泛的应用,包括强度高和尺寸稳定的连接件、普通和微型继电器外壳、电子制造设备配件、电路板、线圈、软性电路、反射镜、高精密光纤元件。它还可以取代金属制造光纤连接器,这可使该元件结构最佳化,简化其制造和装配,保持更精确的尺寸,从而可保证最终产品的成本降低约40%。

②ULTEM 9085用于制造笆机的各种零部件如舷窗、机头部件、座椅靠背、内壁板、门覆盖层、航空板材以及供乘客使用的各种物件。这种聚合物材料可以用加压成型法制造多种多样的复杂零件。在运输机械制造和航空工业中,聚醚酰亚胺泡沫塑料用作绝热材料和隔音材料。

③ULTEM 9085卓越的力学性能、热特性和化学特性,保证了它在汽车工业中的应用,特别是用于制造高温连接件、高功率车灯和指示灯、控制汽车舱室外部温度的传感器(空调温度传感器)和控制空气与燃料混合物温度的传感器(有效燃烧温度传感器)。此外,ULTEM 9085还可用于制造能耐高温润滑油侵蚀的真空泵叶轮,在180 ℃的温度下操作的蒸馏器的磨口玻璃接头(承接口),非照明的防雾灯的反射镜。

④ULTEM 9085有很高的水解稳定性,因此在医学中常用于制造外科手术器械的手柄、托盘、夹具、假体和医用灯反射镜。

2.2　光敏树脂材料

SLA(stereo lithography apparatus)即立体光刻成型,也称为光固化成型,是在特定强度的激光的照射下,对光固化材料进行有选择的逐层的固化,以制造所需的三维实体原型。该工艺所使用材料为光敏树脂材料,要求在高温条件下喷射,在室温条件下固化,对黏度有一定的要求;此外,光明树脂必须具备良好的喷射性、流变性能、低挥发性、不易发生沉降及堵塞,固化后,要求光敏树脂精度高、力学性能好,一般通过树脂改性来提高 3D 打印产品的性能,这对 3D 打印技术的发展至关重要。

不同光敏树脂具有不同的性能,应用范围也不尽相同。使用前,要充分考虑光敏树脂的各项性能(如黏度、收缩性、硬度、化学稳定性等)是否适合 SLA 成型,对于其缺点要设法用物理或化学方法改性,使之对 3D 打印的产品不产生显著影响。

2.2.1　光固化机理及材料对成型质量的影响

1.光固化机理

光固化指在光辐射下使自由流动的液体转变为固体的反应。光固化一般所需能量较低,在常温下就可发生。在光化学反应作用下,从液态转变成固态的树脂称为光固化性树脂。由引发剂、预聚物、单体(活性稀释剂)等组成。

光引发剂是激发光敏树脂交联反应的特殊基团,当光敏树脂受到特定波长的光子作用时,会变成具有高度活性中间体(自由基或者阳离子),作用于液态树脂,使其产生交联反应,由原来的线状聚合物变为网状聚合物,从而呈现为固态。目前主要的光引发剂有:自由基型和阳离子型。

预聚物(低聚物)是光敏树脂的主体,是一种含有不饱和官能团或环氧集团的基料,它的末端有可以聚合的活性基团,一旦有了活性种,就可以继续聚合长大,一经聚合,分子量上升极快,很快就可成为固体。

稀释剂是一种功能性单体,也称活性单体,结构中含有不饱和双键,如乙烯基、烯丙基等,可以调节预聚物的黏度,但不容易挥发,且可以参加聚合。稀释剂一般分为单官能度、双官能度和多官能度。

光敏树脂中还常常会加入一些填料和助剂。填料可以提高光敏树脂的性能,常用的填料有无机填料和高分子填料,加入的填料除了有提高力学性能的作用外,还可以降低树脂的收缩率。但填料的加入会增大树脂的黏度,所以填料的加入要适量。助剂包括光敏剂、流平剂、消泡剂等。光敏剂是起到增加光引发剂对光的吸收作用的,以此来提高光吸收效率。流平剂是增加树脂的流动性的,可适量加入。消泡剂可以消除液态树脂内的气泡。助剂的使用量比较少,一般在光敏树脂体系中的含量在1%以内。光固化树脂的基本组成及其功能如表2.3所示。

表 2.3 光固化树脂的基本组成及其功能

组　分	功　能	常用含量/(%)	类　型
光引发剂	吸收紫外光,引发聚合	≤10	自由基型、阳离子型
预聚物	材料的主体,决定固化后零件的主要性能	≥40	环氧丙烯酸酯、聚氨酯丙烯酸酯、环氧化合物、乙烯基醚类化合物等
单体(活性稀释剂)	调整黏度并参与固化反应,影响固化物性能	20~50	单官能度、双官能度和多官能度
其他(颜料、稳定剂、蜡等)	视用途不同而异	0~30	

2. 材料对成型质量的影响

(1)光敏树脂体系各组成对固化速度的影响。

SLA 成型所用的激光器的扫描速度很快,一般大于 1 m/s,所以光作用于树脂的时间极短,树脂只有对该波段的光有较大的吸收和高的响应速度,才能迅速固化。

①光引发剂对固化速度的影响。

光敏树脂的固化速度主要与光引发剂有关,光引发剂的引发速率,主要取决于其对光的吸收,对光的吸收能力越强,越容易被光激发。增加引发剂浓度可以提高引发速率,而当引发自由基浓度太高时,自由基之间的碰撞几率增加,自由基因此发生歧化或偶合终止,导致自由基失活,固化速度下降。因此,当固化速率达到最大值时,继续增加引发剂浓度,不但不会提高固化速度,反而会使固化速度下降。除此之外,氧阻聚作用严重降低了引发剂自由基浓度,从而导致固化速度降低。可向树脂中加入供氢体,如叔胺、硫醇、膦类等化合物。这些化合物与过氧自由基作用时,失去一个氢原子,生成新的自由基和烷基过氧化氢。新生成的自由基可以继续引发光聚合。而烷基过氧自由基可继续分解,生成具有引发活性的羟基自由基和烷氧基自由基。

②预聚物对固化速度的影响。

固化速度与官能团浓度有关,官能团浓度越高,则树脂固化速度越大。预聚物的分子量大,当预聚物的比例高时,其官能团浓度低,固化速度小。所以光敏树脂的固化速度随预聚物浓度的增加而下降。另外,固化速度还与黏度有关。黏度高时,活性自由基移动缓慢,因而固化速度慢。这也导致固化速度随预聚物浓度的增加而下降。

③稀释剂对固化速度的影响。

与预聚物相比,稀释剂的分子量低,官能团浓度高,因而固化速度快,且稀释剂黏度低,有利于引发活性中心的移动,所以固化速度随稀释剂含量的增加而升高。

(2)光敏树脂黏度对成型质量的影响。

在 SLA 成型中,树脂的黏度决定着其流平性。若树脂的黏度太大,则树脂流平性不好,在一层树脂固化后,新的树脂来不及流平,则固化表面不平整,严重影响制件的精度,甚至会导致无法成型。

①预聚物对黏度的影响。

预聚物的黏度与其分子量和结构有关,一般来说,分子量越大,则其黏度越高。另外,在树脂体系中,预聚物含量越高,则光敏树脂的黏度越高。所以在配制光敏树脂时,需要向树脂中添加稀释剂来调节树脂的黏度。

②稀释剂对黏度的影响。

在光敏树脂体系中,稀释剂主要起到稀释,调节低聚物黏度的作用,但是稀释剂的种类有很多,不同的稀释剂对树脂体系的性能影响不同。按官能度的不同来分,可分为:单官能度稀释剂,其分子量小,黏度低,稀释能力最强;二官能度稀释剂和多官能度稀释剂,其分子量均比较大,黏度高,因而稀释能力较弱。

(3)光敏树脂涂层厚度对成型质量的影响。

在成型过程中要保证每一层铺涂的树脂厚度一致,当聚合深度小于层厚时,层与层之间将黏合不好,甚至会发生分层;如果聚合深度大于层厚时,将引起过固化,而产生较大的残余应力,引起翘曲变形,影响成型精度。在扫描面积相等的条件下,固化层越厚,则固化的体积越大,层间产生的应力就越大,故而为了减小层间应力,就应该尽可能地减小单层固化深度,以减小固化体积。

(4)光敏树脂收缩率对成型质量的影响。

在光固化过程中,随着聚合反应的进行,会发生体积收缩现象。原因是在聚合前,体系中的分子是以范德华力相互作用的,分子间的距离为范德华距离,在固化后,分子间的双键断开形成共价键,分子间的作用力变为共价键力,分子间的距离也变为共价键距离。共价键距离远远小于范德华距离,因而体系出现收缩现象。收缩会在工件内产生内应力,沿层厚从正在固化的层表面向下,随固化程度不同,层内应力呈梯度分布。在层与层之间,新固化层收缩时要受到层间黏合力限制。层内应力和层间应力的合力作用致使工件产生翘曲变形,从而影响光固化成型件的精度,导致尺寸不稳定,力学性能下降,缩小了 SLA 成型机的应用范围。

①预聚物对树脂收缩率的影响。

收缩率的大小与双键浓度成正比,双键浓度大意味着有大量的范德华距离转变为共价键距离,体积收缩率就越大。预聚物分子量大,官能团浓度低,其双键含量相对于稀释剂单体来说要低得多,因而预聚物含量越高,树脂的固化收缩率就越小。通过接枝或共聚等方法来提高预聚物的分子量,从而降低官能团的浓度,是可以降低树脂的收缩率的。

②稀释剂对树脂收缩率的影响。

释剂单体的分子量低,官能团浓度高,所以稀释剂含量越高,树脂的收缩率就越大。

(5)光敏树脂力学性能对成型质量的影响。

力学性能的好坏决定着 SLA 成型件的使用范围,力学性能好的光敏树脂可以用在更多的领域。所以在学习 SLA 成型材料时,必须要把光敏树脂的力学性能考虑在内。

凝胶含量是衡量树脂的力学性能的一个重要指标,若树脂的凝胶含量低,则固化不完全,力学性能差,甚至可能无法成型。引发剂是影响凝胶含量的一个关键因素,在一定的时间内,引发剂对光的吸收能力越强,越容易被光激发,光固化速度越快,则树脂的凝胶含量越高。

光敏树脂的性能主要由预聚物决定,其力学性能也主要由预聚物来赋予。一般而言,预聚物含量的增加,会导致体系黏度逐渐增加,固化速度呈下降趋势,收缩率逐渐下降,拉伸强度和冲击强度均逐渐升高。

增大稀释剂含量增加使冲击性能下降,但在小于 20% 时还是可以提高拉伸强度的。这是因为其增加了体系中的物理交联点,在固化时形成了更多的网状结构,但用量大于 30% 后会使拉伸强度明显下降。

2.2.2　SLA 工艺对材料的要求

激光快速成型系统制造模具,要求快速准确,对模型的精确性及性能要求十分严格,这就使得用于该系统的光固化树脂必须满足以下条件。

(1)固化前性能稳定,可见光照射下不会发生化学反应。

(2)黏度低,由于是分层制造技术,光敏树脂进行的是分层固化,就要求液体的光敏树脂黏度较低,从而能够在前一固化层上迅速流平,而且树脂的黏度小,可以缩短模具的制作时间,同时还给设备中树脂的加料和清洗带来便利。

(3)光敏性好,对紫外光有快的光响应速率,在光强不是很高的情况下能够迅速固化,否则半固化状态的成型件易变形,无法支撑后续喷射液体,影响最终产品质量。

(4)固化收缩小,特别要求在后固化处理过程中,收缩要小,否则制件容易产生翘曲变形,严重影响制件最终的精度。

(5)溶胀小,由于在固化过程中,制件先前固化的部分一直浸润在液态树脂中,如果固化部分发生溶胀,将会使模型发生明显的变形,影响制件的形状精度。

(6)半成品的强度高,以保证后固化过程不发生形变、膨胀、出现气泡及层间分离;另外最终的制件还应该具有较好的机械强度,耐化学试剂,易于洗涤和干燥,并具有良好的热稳定性。

(7)毒性小,未来的快速成型可以在办公室中完成,因此单体或预聚物的毒性和对大气的污染要严格控制在一定的范围内。

2.2.3 光敏树脂材料的组成

用于光固化快速成型的材料为液态光敏树脂,主要由预聚物、光引发剂、稀释剂以及各种各样的添加剂组成。以下将分别介绍各组成常用的材料。

1. 预聚物

预聚物是指可以进行光固化的低分子量的预聚体,其分子质量通常在 1000～5000 之间,它是材料最终性能的决定因素。主要包括环氧丙烯酸酯、聚氨酯丙烯酸酯、聚酯丙烯酸酯等。详细性能具体如表 2.4 所示。

表 2.4　常见预聚物的性能

预聚物	固化速度	拉伸强度	柔性	硬度	耐化学药品性	耐黄变性
环氧丙烯酸酯（EA）	高	高	不好	高	极好	中
聚氨酯丙烯酸酯（PUA）	可调	可调	好	可调	好	可调
聚酯丙烯酸酯（PEA）	可调	中	可调	中	好	不好
聚醚丙烯酸酯	可调	低	好	低	不好	好
纯丙烯酸酯树脂	慢	低	好	低	好	极好
乙烯基树脂（UPE）	慢	高	好	高	不好	不好

2. 稀释剂(活性单体)

活性稀释剂主要指含有环氧基团的低分子量环氧化合物,它们可以参加环氧树脂的固化反应,称为环氧树脂固化物的一部分。活性稀释剂主要是一些丙烯酸酯类的单体。而阳离子光固化体系所用的稀释剂主要有环氧化合物、乙烯基醚、内酯、缩醛、环醚等。由于乙烯基醚类的活性单体的特殊性(既可以用自由基光引发剂引发也可以用阳离子型光引发剂引发),因此可以作为两种光固化体系的活性单体。

稀释剂所含的官能度不同稀释能力不同,因此在设计光敏树脂配方时要按照性能要求采用符合的活性稀释剂。常见的单官能度稀释剂有 HEA(丙烯酸羟乙酯),HEMA(甲基丙烯酸羟乙酯)等。HEA 的稀释能力特别强,但是毒性比较大,所以现在很少使用。HEMA 的毒性较小,但由于甲基的位阻作用,固化速度非常慢。常用的二官能度稀释剂有 TPGDA(三丙二醇二丙烯酸酯),DPGDA(二丙二醇二丙烯酸酯),HDDA(己二醇二丙烯酸酯)等。TPGDA 无毒,无刺激性,稀释能力也很强,反应速度也快,是用得最多的一种稀释剂。DPGDA 比 TPGDA 的稀释能力更好点,但是刺激性稍大,可以根据需要选用。HDDA 收缩率小,但皮肤刺激性较大,价格较高。常用的多官能度稀释剂有 TMPTA(三羟甲基丙烷三丙烯酸酯),PETA(季戊四醇三丙烯酸酯)等。TMPTA 固化速度非常快,但是黏度较高,稀释能力比较弱。相比于 TMPTA,PETA 黏度更大,稀释能力更差,其收缩率也更大。

3. 引发剂

(1)自由基光引发剂。

自由基光引发剂的优点有固化速度快、成本低、体系黏度小等,其缺点也是很明显的,例如受表面氧的干扰,制件精度有所降低;反应后产生的应力变形大;主要引发双键聚合反应,固化时体积收缩率较大,成型制件翘曲变形大等。

自由基光引发剂的类型包括安息香类、苯乙酮类、硫杂蒽酮类、香豆酮类、苯甲酮类等,如表 2.5 所示。

表 2.5 常见的自由基型光引发剂

名 称	化 学 式	最大吸收波长	熔 点
苯偶酰二甲基缩酮 俗名:安息香二甲醚	(化学结构式)	54 nm、337 nm	64~67 ℃
1-羟基环己基苯甲酮	(化学结构式)	246 nm、280 nm 和 333 nm	45 ℃左右
2,4,6-三甲基苯甲酰基二苯基氧化膦	(化学结构式)	69 nm、298 nm、 379 nm、393 nm	90 ℃左右
2-甲基-1-(4-甲巯基苯基)-2-吗啉-1-丙酮	(化学结构式)	232 nm、307 nm	70~75 ℃

(2)阳离子光引发剂。

阳离子光引发剂的基本作用特点是光活化到激发态,引发剂分子发生系列分解反应,产生超强质子酸或路易斯酸,引发阳离子光聚合。与自由基光引发剂相比,阳离子光引发剂具有引发聚合后可暗反应、不受氧阻、固化相对较慢、固化受潮气影响等特点。

阳离子光引发剂包括重氮盐、二芳基碘锇盐、三芳基硫锇盐、烷基硫锇盐、铁芳烃盐、磺酰氧基酮及三芳基硅氧醚等。

2.2.4 常用光敏树脂

1. 环氧树脂

(1)环氧树脂性能分析。

环氧树脂具有黏结强度大、硬度高、耐化学药品腐蚀性强等优点,是目前应用最广的光敏树脂材料,也是 3D 打印中常见的黏结剂,属于热固性塑料。热固性塑料是指受热后成为不熔的物质,再次受热不再具有可塑性且不能再回收利用的塑料(如酚醛树脂、环氧树脂、氨基树脂、聚氨酯、发泡聚苯乙烯等)。其广泛应用于金属和非金属材料黏结、电气机械浇铸绝缘、电子器具黏合密封盒层压成型复合材料、土木及金属表面涂料等。它对金属和非金属材料的表面具有优异的黏结强度,介电性能良好,制品尺寸稳定性好,硬度高,柔韧性较好。

当前在 3D 打印中使用的塑料材料,主要是热塑性塑料和 UV 固化树脂这两类。但目前科学家开发出了一种可 3D 打印的环氧基热固性树脂材料。这些环氧树脂可利用 3D 打印技术打印建筑结构件用在轻质建筑中。

采用环氧树脂作为 3D 打印的材料,并利用纳米黏土薄片来增强黏性,此外还有碳化硅和碳纤维作为填充物。通过改变这些填充物的方向,科学家可以自由控制材料的强度以满足各种需求。这可谓是一种什么理想的材料。而这个新材料将可以用来制造更轻的汽车或飞机,让它们能够跑得更快。

(2)环氧树脂的优点。

同其他树脂相比,环氧树脂作为无机或金属粉末材料的黏结剂具有以下优点。

①环氧树脂的极性较大,与无机、金属粉末的界面相容性好于大多数树脂。因此,环氧树脂常常被用作无机的金属材料的专业黏结剂。

②其预聚物的黏度较小,流动能力强,和极性粉末材料的浸润性好,能够迅速浸润无机或金属粉末表面。

③环氧树脂作为光敏涂料在人们的日常生活中已得到了广泛的研究和应用,产品种类繁多,适用面广,在不同体系中均可找到相对应的环氧树脂光敏材料。

④在光敏树脂材料中,环氧树脂的黏结强度高,价格适中,成膜性好,容易根据实际需要进行改性。

⑤产品化学性能稳定,无毒,可用于生物医用和食品包装材料。

2. 丙烯酸酯

丙烯酸酯就是由丙烯酸酯类、甲基丙烯酸酯类为主体的,辅之以功能性丙烯酸酯类及其他乙烯单体类,通过共聚合作用所合成的树脂。丙烯酸树脂一般分为溶剂型热塑性丙烯酸树脂和溶剂型热固性丙烯酸树脂、水性丙烯酸树脂、高固体丙烯酸树脂、辐射固化丙烯酸树脂及粉末涂料用丙烯酸树脂等。丙烯酸树脂色浅、水白透明,涂膜性能优异,耐光、耐候性佳、耐热、耐过度烘烤、耐化学品性及耐腐蚀性能都极好。因此,用丙烯酸树脂制造的涂料,用途广泛、品质繁多。不同丙烯酸树脂的品种性能影响了涂料产品的性能,这些都与丙烯酸树脂的组成、结构有关。影响丙烯酸树脂性能的因素主要是分子量分布及大小、单体的化学结构、玻璃化温度等。

立体光刻技术(SL)在与丙烯酸酯单体联用时,丙烯酸单体可与光引发剂混合,而光引发剂在紫外光区或可见光区吸收一定波长的能量,从而引发单体聚合交联固化的化合物。此外,陶瓷和金属等也可作为打印材料。将陶瓷粉以 1∶1的比例与丙烯酸树脂混合后,树脂可起到黏结剂的作用。加入了陶瓷粉的树脂会在一定程度上实现固化,其硬度正好足以保持实物的形状,而且基于纯丙烯酸树脂的打印方法和硬件设备也适用。之后,再通过熔炉对加入了陶瓷粉的成品进行烧制,以除掉其中的聚合物,并将陶瓷成分黏结到一起,使最终成品中的陶瓷含量高达 99%。这种方法也适用于含有金属粉的丙烯酸酯类单体树脂,同时也可以通过相同的打印机硬件来构建金属部件。

2.2.5　常用光敏树脂材料牌号及性能

SLA 技术用材料根据其工艺原理和原型制件的使用要求,要求其具有黏度低、流平快、固化速度快且收缩小、溶胀小、无毒副作用等性能特点。打印产品如图 2.16 所示。

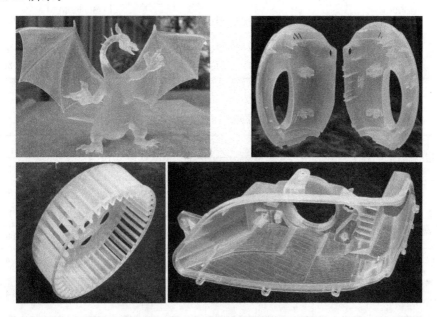

图 2.16　SLA 成型的典型零件

下面分别介绍 Vantico 公司、3D Systems 公司以及 DSM 公司的光固化快速成型材料的性能、适用场合和选择方案等。

1. Vantico 公司的 SL 系列

表 2.6 给出了 Vantico 公司提供的光固化树脂在各种 3D Systems 公司光固化快速成型系统和原型不同的使用性能和要求情况下的光固化成型材料的选择方案。以 3D Systems 公司的 SLA5000 系统为例,其设备使用材料性能如表 2.7 所示。

表 2.6　3D Systems 公司光固化快速成型系统的成型材料选择方案

SLA 系统	指　　标					
	成型效率	成型精度	类聚丙烯	类 ABS	耐高温	颜色
SLA 190 SLA 250	SL 5220	SL 5170	SL 5240	SL 5260	SL 5210	SLH -C 9100
SLA 500	SL 7560	SL 5410 SL 5180	SL 5440	SL 7560	SL5430	—
Viper si2	SL 5510	SL 5510	SL 7540 SL 7545	SL 7560 SL 7565	SL 5530	SLY -C 9300
SLA 350 SLA 3500	SL 5510 SL 7510	SL 5510 SL 5190	SL 7540 SL 7545	SL 7560 SL 7565	SL 5330	SLY -C 9300
SLA 5000	SL 5510 SL 7510	SL 5510 SL 5195	SL 7540 SL 7545	SL 7560 SL 7565	SL 5530	SLY -C 9300
SLA 7000	SL 7510 SL 7520	SL 7510 SL 7520	SL 7540 SL 7545	SL 7560 SL 7565	SL 5530	SLY -C 9300

注:材料 SL 5170、SL 5180、SL 5190 和 SL 5195 不适合高湿度的场合。

表 2.7　SLA5000 系统使用的几种树脂材料的性能指标

指　　标	型　　号						
	SL 5195	SL 5510	SL 5530	SL 7510	SL 7540	SL 7560	SLY-C 9300
外观	透明光亮	透明光亮	透明光亮	透明光亮	透明光亮	白色	透明
密度/(g/cm³)	1.16	1.13	1.19	1.17	1.14	1.18	1.12
30 ℃黏度/cps	180	180	210	325	279	200	1090
固化深度/mils	5.2	4.1	5.4	5.5	6.0	5.2	9.4
临界照射强度 /(mJ/cm²)	13.1	11.4	8.9	10.9	8.7	5.4	8.4
肖氏硬度	83	86	88	87	79	86	75
抗拉强度/MPa	46.5	77	56~61	44	38~39	42~46	45

续表

指　标	型　号						
	SL 5195	SL 5510	SL 5530	SL 7510	SL 7540	SL 7560	SLY-C 9300
拉伸模量/MPa	2090	3296	2889～3144	2206	1538～1662	2400～2600	1315
弯曲强度/MPa	49.3	99	63～87	82	48～52	83～104	
弯曲模量/MPa	1628	3054	2620～3240	2455	1372～1441	2400～2600	
伸长率	11%	5.4%	3.8%～4.4%	13.7%	21.2%～22.4%	6%～15%	7%
冲击韧度/(J/m²)	54	27	21	32	38.4～45.9	28～44	
玻璃化温度 T_g/℃	67～82	68	79	63	57	60	52
热膨胀率/(10⁻⁶/℃)	108($T<T_g$) 189($T>T_g$)	84($T<T_g$) 182($T>T_g$)	76($T<T_g$) 152($T>T_g$)		181($T<T_g$)		
热传导率/(W/m℃)	0.182	0.181	0.173	0.175	0.159		
固化后密度/(g/cm³)	1.18	1.23	1.25		1.18	1.22	1.18

2.3D Systems 公司的 ACCURA 系列

3D Systems 公司的 ACCURA 系列光固化成型材料主要有用于 SLA Viper si2、SLA3500、SLA5000 和 SLA7000 系统的 ACCUGENTM、ACCUDURTM、SI10、SI20、SI30、SI40 Nd 系列型号和用于 SLA250、SLA500 系统的 SI40 Hc & AR 型号等。

其中，ACCUGENTM 材料在进行 SLA 技术光固化后，其原型制件具有较高的精度和强度、较好的耐湿性等良好的综合性能。ACCUGENTM 材料的成型速度也较快，且原型制件的稳定性也好。部分 3D Systems 公司的 ACCURA 系列材料的性能如表 2.8 所示。

表 2.8　部分 3D Systems 公司的 ACCURA 系列材料的性能

指　标	型　号					
	ACCURA 10	ACCURA 40 Nd	ACCURA 50	ACCURA 60	ACCURA BLUESTONE	ACCURA ClearVue
外观	透明光亮	透明光亮	非透明自然色或灰色	透明光亮	非透明蓝色	透明光亮
固化前后密度/(g/cm³)	1.16/1.21	1.16/1.19	1.14/1.21	1.13/1.21	1.70/1.78	1.1/1.17

指　　标	型　号					
	ACCURA 10	ACCURA 40 Nd	ACCURA 50	ACCURA 60	ACCURA BLUESTONE	ACCURA ClearVue
30 ℃黏度/cps	485	485	600	150～180	1200～1800	235～260
固化深度/mils	6.3～6.9	6.6～6.8	4.5	6.3	4.1	4.1
临界照射强度 /(mJ/cm²)	13.8～17.7	20.1～21.7	9.0	7.6	6.9	6.1
抗拉强度/MPa	62～76	57～61	48～50	58～68	66～68	46～53
伸长率	3.1%～5.6%	4.8%～5.1%	5.3%～15%	5%～13%	1.4%～2.4%	1.4%～2.4%
拉伸模量/MPa	3048～3532	2628～3321	2480～2690	2690～3100	7600～11700	2270～2640
弯曲强度/MPa	89～115	92.8～97	72～77	87～101	124～154	72～84
弯曲模量/MPa	2827～3186	2618～3044	2210～2340	2700～3000	8300～9800	1980～2310
冲击韧度/(J/m²)	14.9～27.7	22.3～29.9	16.5～28.1	15～25	13～17	40～58
玻璃化温度 T_g/℃	62	62～65.6	62	58	71～83	62
热膨胀率/(10⁻⁶/℃) ($T<T_g$)/($T>T_g$)	64/170	87/187	73/164	71/153	33～44/81～98	122/155
肖氏硬度	86	84	86	86	92	80

3. 3D Systems 公司的 RenShape 系列

3D Systems 公司研制的 RenShape7800 树脂主要面向成型精确及耐久性要求较高的光固化快速原型,在潮湿环境中尺寸稳定性和强度持久性较好,黏度较低,易于层间涂覆及后处理时黏附的表层液态树脂的流平,适用于高质量的熔模铸造的母模、概念模型、功能模型及一般用途的制件等。RenShape7810 树脂与 RenShape7800 树脂的用途类似,制作的模型性能类似于 ABS,可用于制作尺寸稳定性较好的高精度、高强度模型,适于真空注型模具的母模、概念模型、功能模型及一般用途的制件等。RenShape7820 树脂固化后的模型颜色为黑色,适于制作消费品包装、电子产品外壳及玩具等。RenShape7840 树脂固化后的模型呈象牙白色,性能类似 PP 塑料,具有较好的延展性及柔韧性,适于尺寸较大的概念模型。RenShape7870 树脂制作的模型强度与耐久性都较好,透明性优异,适于高质量的熔模铸造的母模、大尺寸物理性能与力学性能都较好的透明模型或制件的制作等。上述 3D Systems 公司的 RenShape 系列材料的性能如表 2.9 所示。

表 2.9 部分 3D Systems 公司的 RenShape 系列材料的性能

指　　标	型　　号				
	RenShape SLA7800	RenShape SLA7810	RenShape SLA7820	SenShape SLA7840	RenShape SLA7870
外观	透明琥珀色	白色	黑色	白色	透明
固化前后密度/ (g/cm^3)	1.12/1.15	1.13/1.16	1.13/1.16	1.13/1.16	1.13/1.16
30 ℃黏度/cps	205	210	210	270	180
固化深度/mils	5.7	5.6	4.5	5.0	7.2
临界照射强度/ (mJ/cm^2)	9.51～9.98	9.9	10.0	15	10.6
抗拉强度/MPa	41～47	36～51	36～51	36～45	38～42
伸长率	10%～18%	10%～20%	36%～51%	11%～17%	10%～12%
拉伸模量/MPa	2075～2400	1793～2400	1900～2400	1700～2200	1930～2020
弯曲强度/MPa	69～74	59～69	59～80	65～80	65～71
弯曲模量/MPa	2280～2650	1897～2400	2000～2400	1600～2200	1980～2310
冲击韧度/(J/m^2)	37～58	44.4～48.7	42～48	37～60	45～61
玻璃化温度 T_g/℃	57	62	62	58	56
热膨胀率/ 10^{-6}/℃$(T<T_g)$	100	96	93	100	N/A
肖氏硬度	87	86	86	86	86

4. DSM 公司的 SOMOS 系列

DSM 公司的 SOMOS 系列环氧树脂主要是面向光固化快速成型开发的系列材料，部分型号的性能及主要指标如表 2.10 所示。

表 2.10 部分 DSM 公司的 SOMOS 系列材料的性能

指　　标	型　　号				
	20L	9110	9120	11120	12120
外观	灰色不透明	透明琥珀色	灰色不透明	透明	透明光亮
密度/(g/cm^3)	1.6	1.13	1.13	1.12	1.15
30 ℃黏度/cps	2500	450	450	260	550
固化深度/mm	0.12	0.13	0.14	0.16	0.15
临界照射强度/ (mJ/cm^2)	6.8	8.0	10.9	11.5	11.8

指　标	型　号				
	20L	9110	9120	11120	12120
肖氏硬度	92.8	83	80～82	N/A	85.3
抗拉强度/MPa	78	31	30～32	47.1～53.6	70.2
拉伸模量/MPa	10900	1590	1227～1462	2650～2880	3520
弯曲强度/MPa	138	44	41～46	63.1～74.2	109
弯曲模量/MPa	9040	1450	1310～1455	2040～2370	3320
伸长率	1.2%	15%～21%	15%～25%	11%～20%	4%
冲击韧度/(J/m^2)	14.5	55	48～53	20～30	11.5
玻璃化温度 T_g/℃	102	50	52～61	45.9～54.5	56.5
适用性	可制作高强度、耐高温的零部件	可制作坚韧、精确的功能零件	可制作硬度和稳定性有较高要求的组件	可制作耐用、坚硬、具有防水功能的零件	可制作高强度、耐高温、具有防水功能的零件。外观呈樱桃红色

5. 文博实业有限公司销售的光敏树脂系列

广州市文博实业有限公司销售的 SLA 成型机用光敏树脂的特性如表 2.11 所示。

表 2.11　广州市文博实业有限公司销售的 SLA 成型机用光敏树脂的特性

项　目		树脂牌号	
		WBSLA2820	WBSLA2822
密度/(g/cm^3)		1.13	1.12
30 ℃黏度/cps		270	260
弹性模量/MPa		2650～2880	2550～3000
抗性强度/MPa		41～50.6	45～54
伸长率		15%～25%	11%～23%
缺口冲击强度(J/m)		0.27～0.45	0.27～0.45
弯曲模量/MPa		1640～2270	1740～2470
抗弯强度/MPa		68.1～80.16	62～80.16
热变形温度/℃	0.45 MPa 下	60～85	60～85
	1.8 MPa 下	55～75	55～75
玻璃化温度 T_g/℃		52～58	52～58
颜色		无色,透明	白色

6. Object Geometries 公司

Object Geometries 公司于 2010 年 12 月推出的桌面级 Object 3D 打印机,其采用了压电喷头喷射光敏树脂的成型工艺。该桌面打印机专用于牙科矫正实验室及诊所使用,表 2.12 是打印机采用的牙科材料特性。

表 2.12　Object30 打印机采用的牙科材料特性

项　　目	材　料　牌　号		
	MED610	MED670	MED690
弹性模量/MPa	2000～3000		2200～3200
抗拉强度/MPa	50～65	50～60	54～65
伸长率	10%～25%		15%～25%
弯曲模量/MPa	2200～3200		2400～3300
抗弯强度/MPa	75～110		80～110
缺口冲击强度/(J/m)	20～30		
聚合密度/(g/cm³)	1.17～1.18		
热变形温度/℃(0.45 MPa 下)	45～50		
玻璃化温度 T_g/℃	52～54		
硬度/HSD	83～86		
吸水率	1.1%～1.5%		1.2%～1.5%

2.3　无机非金属材料

无机非金属材料是以某些元素的氧化物、碳化物、氮化物、卤素化合物、硼化物,以及硅酸盐、铝酸盐、磷酸盐、硼酸盐等物质组成的材料,是除有机高分子材料和金属材料以外的所有材料的统称。无机非金属材料是与有机高分子材料和金属材料并列的三大材料之一。

在晶体结构上,无机非金属的晶体结构远比金属复杂,并且没有自由的电子。具有比金属键和纯共价键更强的离子键和混合键。这种化学键所特有的高键能赋予这类材料高熔点、高硬度、高强度、耐蚀性、耐磨性及抗氧化性等特点。

2.3.1　陶瓷材料

陶瓷材料包括陶器、瓷器、玻璃、搪瓷、耐火材料等。陶瓷材料是由金属和非金属元素的化合物组成的多晶固体材料,其结构和显微组织比金属复杂得多。陶瓷材料的刚度较好,硬度较高,是工程常用的耐高温材料和绝缘材料。陶瓷材料的组织稳定,对酸、碱、盐有很强的抗腐蚀能力,但陶瓷的塑性很差,没有延展性,受冲击时容易断裂。

随着制造技术的不断发展和应用需求的提升,陶瓷材料因其具有高熔点、高硬度、高耐磨性、耐氧化等独特优势,开始被应用于火箭收—扩式可调尾喷管、热电偶套管、热交换器等热端部件的制造。2010 年 11 月,通用电气公司在 F414 改进型发动机上进行了陶瓷基复合材料(CMC)涡轮转子叶片的试验性应用;2013 年 GE9X 发动机研究项目高压压气机(HPC)采用了 CMC 制造燃烧室和涡轮。陶瓷材料主要有以下优点:

(1)陶瓷材料是工程材料中刚度最好、硬度最高的材料,其硬度大多在 1500 HV 以上;

(2)陶瓷的抗压强度较高,但抗拉强度较低,塑性和韧性很差;

(3)陶瓷材料一般具有很高的熔点(大多在 2000 ℃以上),并且能够在高温下呈现出极好的化学稳定性;

(4)陶瓷是良好的隔热材料,导热性低于金属材料,同时陶瓷的线膨胀系数比金属低,当温度发生变化时,陶瓷具有良好的尺寸稳定性。

(5)陶瓷材料在高温下不容易氧化,并对酸、碱、盐具有良好的耐腐蚀能力。

(6)陶瓷材料还具有其他独特的光学性能,可用作光导纤维材料、固化激光器材料、光储存器等。透明陶瓷可用于高压钠灯管等。

(7)磁性陶瓷在录音磁带、唱片、变压器铁芯、大型计算机记忆元件方面的应用有着广泛的前景。

1. 3D 打印陶瓷技术

目前,3D 打印陶瓷技术主要有喷墨打印技术、熔化沉积成型技术、光固化成型技术、分层实体制造技术和激光选区烧结技术,这些技术可以按不同标准分类。其中,基于激光成型的方法有 SLA、SLS 和 LOM 技术,另外两种属于非激光成型方法。需要设置支撑结构的有 FDM 和 SLS 技术,而另外 3 种不需要设置支撑结构。最后,按照工艺过程可以分为直接成型法和逐层黏结法,IJP 技术是将陶瓷粉末和黏结剂混合制备成陶瓷墨水,通过 3D 打印直接成型的,属于直接成型法,其他四种技术则属于逐层黏结法。

(1)喷墨打印技术(IJP)。

3D 打印陶瓷技术的起源就是喷墨打印技术,这种技术的主要原料是"陶瓷墨水",打印过程中不需要设置支撑结构。喷墨打印技术本身按照原理可以分为固体喷墨和液体喷墨两种,而液体喷墨打印技术又分为气泡式和压电晶体片式。3D 喷墨打印技术主要采用的是气泡式,这种气泡式喷墨打印技术以佳能为代表,发展至今已经比较成熟。其具体工作原理是通过加热喷嘴使喷嘴底部毛细管中的陶瓷墨水在极短的时间内迅速汽化并形成气泡迅速扩展开。随着气泡的膨胀,达到克服墨水表面张力的临界值,墨水就从喷嘴毛细管顶部喷出。陶瓷墨水按照计算机预先建模的数据进行图案的绘制,层层叠加实现 3D 打印过程。停止加热后,墨水冷却,气泡开始凝结收缩,陶瓷墨水便会缩回,陶瓷墨水停止供应。

目前制约 3D 陶瓷喷墨打印技术发展的因素主要有两方面:一个是陶瓷墨水的配置,另一个则是喷墨打印头的堵塞问题。陶瓷墨水一般由无机非金属材料、分散剂、黏结剂、表面活性剂和其他系列辅料组成。这种墨水的基本要求是无机非金属材料的颗粒必须小于 $1~\mu m$,颗粒分布均匀,不发生团聚,黏结性不能太大,流动性好。但由于 3D 陶瓷喷墨打印技术中墨水需要经过高温气化,墨水的化学性质容易发生变化,不稳定。喷射过程中,墨水的微方向性及形状、浓度一致性不能精确控制,在一定程度上影响了打印的精度和质量。对于喷墨打印头的堵塞问题,无论是降低陶瓷墨水的黏度还是增大喷头毛细管的直径,都将使打印效果大大降低,成品精度下降。这两个问题在将来的发展中亟待解决。

(2)熔化沉积成型技术(FDM)。

熔化沉积成型技术又称为熔丝沉积成型技术。顾名思义,这种技术的原料是热熔型丝状陶瓷材料。熔化沉积成型技术基本由供料辊、导向套和喷头 3 个结构组件相互搭配来实现。首先热熔性丝状材料经过供料辊,在从动辊和主动辊的配合作用下进入导向套,利用导向套的低摩擦性质使得丝状材料精准连续地进入喷头。材料在喷头内加热熔化,按照所需打印的原件造型进行 3D 打印。

熔化沉积成型技术的实现原理简单,但在 3D 打印过程中喷头温度高,对于原料的要求较高。为满足成型要求,除了要形成丝状材料外,原料还要有一定的弯曲强度、抗压强度、拉伸强度和硬度。此外,丝状陶瓷材料经过喷头加热熔化后还要具有一定流动性和黏稠度,收缩率不能过大,否则成型零件会发生变形。因此,用于熔化沉积成型技术的丝状陶瓷材料的种类受到极大限制,研制尚不成熟,需要进一步研究。

(3)光固化成型技术(SLA)。

光固化成型技术又称为立体光刻技术。目前,这种技术所用原材料以光敏树脂为主,在 3D 陶瓷打印原料方面可以使用陶瓷粉与光敏树脂混合形成的"浆料"。该技术的基本原理是通过紫外激光束,按照设计好的原件层截面,聚焦到工作槽中的陶瓷-光敏树脂混合液体,逐点固化,由点及线,由线到面。通过 x－y 方向固化成面后,通过升降台在 z 轴方向的移动,层层叠加完成三维打印陶瓷零件。

光固化成型技术的缺点也是显而易见的。目前用于光固化成型技术的陶瓷-光敏树脂混合液体是具有毒性的刺激性材料,且需要避光保存,因此,在使用此类技术的 3D 打印机时,需要保证工作环境的空气流通、光线昏暗,对于进行科研实验的要求苛刻,同时在一定程度上增加了成本,其打印效率也有待进一步提升。同时,该技术的实现也需要设置支撑结构,后期处理既要考虑成型零件的二次固化,还要去除支撑结构,过程较为复杂。

(4)激光选区烧结技术(SLS)。

激光选区烧结技术主要通过压辊、激光器、工作台 3 个结构组件相互搭配来实现。其具体原理是通过压辊将粉末铺在工作台上,电脑控制激光束扫描规定范围的粉末,粉末中的黏结剂经激光扫描熔化,形成层状结构。扫描结束后,工作台下降,压辊铺上一层新的粉末,经激光再次扫描,与之前一层已固化的片状陶瓷黏结,反复操作同一步骤,最终打印出成品。

对于陶瓷粉末来说,还存在较多技术难关尚未攻破,主要是因为该技术无法直接对陶瓷进行烧结,必须在陶瓷粉中加入黏结剂或者将原料制成覆膜陶瓷的结构。黏结剂的种类、用量以及加入黏结剂后的陶瓷密度低、力学性能差等方面的问题一直制约着该技术的发展,因此无法得到高精度、高强度、高致密度的陶瓷零件。

2.3D 打印陶瓷材料

陶瓷材料具有耐高温、高强度等优点,在工业制造、生物医疗、航空航天等领域有着广泛应用。3D 打印陶瓷材料的稀缺已经成为制约 3D 陶瓷打印发展的重要因素。3D 打印用陶瓷粉体一般有 3 种制备方法:①将陶瓷粉与黏结剂直接混合;②将黏结剂覆在陶瓷颗粒表面,制成覆膜陶瓷;③将陶瓷粉末进行表面改性后再与黏结剂混合。下面介绍几种尚处于研制状态的 3D 打印陶瓷材料。

陶瓷是硅酸盐,金属同非金属元素的化合物,如氧化物、氮化物等。工业上用陶瓷可分为以下几种:

①硅、铝的氧化物以及硅酸盐,称为普通陶瓷。

②人工氧化物、碳化物、氮化物和硅酸盐等烧结材料,称为特种陶瓷。

③金属粉末与陶瓷粉末烧结材料,称为金属陶瓷。

陶瓷材料具有硬度和耐磨性高、耐腐蚀性及抗氧化能力强的特点,但塑性极低、脆性大,所以在常温下难以用作结构材料。但作为耐温材料,陶瓷潜力很大。此外,陶瓷在光、电、热方面具有独特的性能。

常用的陶瓷材料主要有 SiC 和 Al_2O_3。由于烧结温度很高,所以不能够用激光直接烧结,需要加入黏结剂,从而制成陶瓷生坯,然后通过后处理去除黏结剂,最后得到最终陶瓷原型件。国外对 SiC 与有机聚合物的混合粉末进行了烧结研究,国内的南京航空航天大学、大连理工大学、上海交通大学研究了 Al_2O_3 与 NH_4H_2PO 的激光烧结,经过二次烧结后处理,可以得到强度较高,密度分布均匀的原型件。南昌航空工业学院对 Al_2O_3/PS 复合材料进行了研究,原型件的翘曲变形量不大于 13 mm,体积密度不小于 196 g/cm³。缺口冲击韧性的提高幅为 20%~50%,最大缺口抗击强度达到 1015 kJ/m,并且韧性也有所提高。

氧化锆 SLS 成型。氧化锆密度大,熔点高达 2700 ℃,耐热性、耐蚀性优良,导热率低,被认为是发动机上最有前途的陶瓷材料。同时,氧化锆透光性好、具有较好的生物相容性,是牙科领域的新兴修复材料!稳定剂氧化钇含量是影响氧化锆相变临界尺寸的主要因素,通过控制氧化钇含量可以影响其相变增韧效应从而影响成型件的断裂韧性。

另一种常见的适用于 SLS 成型的陶瓷材料为氧化铝陶瓷,其常温力学性能较好,具有高强度、高硬度、高耐磨性,且耐腐蚀、高温稳定性好、热膨胀系数高,可作为高温耐火材料,在工业领域应用广泛。此外,氧化铝还可应用于骨科领域,氧化铝作为 SLS 原材料,黏结剂的选用及后处理工艺是保证成型件质量和性能的重要因素。

图 2.17 是利用陶瓷材料选择性激光烧结打印的产品。

图 2.17　陶瓷材料打印的产品

目前,我国在 3D 陶瓷打印产业在国际 3D 打印技术应用的市场份额中所占比例不及美国、德国、日本等国家。但是,国内的很多企业已经开始认识到这一问题,正在积极研制专用的 3D 陶瓷打印机和打印专用原料,向国内外客户提供服务的同时,也获得了良好的经济效益。因此,3D 陶瓷打印产业正在成为投资热点,很多从事精密机械技术的公司和企业已经开始陆续投资 3D 陶瓷打印的设备和服务,部分中小企业研制出的 3D 打印机已经成功进军欧美市场,在国际市场中占有一席之地。

2.3.2　石膏材料

石膏的化学本质是硫酸钙,通常所说的石膏是指生石膏,化学本质是二水硫酸钙($CaSO_4 \cdot 2H_2O$)。当其在干燥条件下,温度达到 128 ℃时,石膏会失去部分结晶水变为 β-半水石膏,其化学本质是 β-半水硫酸钙($β\text{-}CaSO_4 \cdot 1/2H_2O$),如果其在饱和蒸汽压力下会失去部分结晶水变为 α-半水石膏,其化学本质是 α-半水硫酸钙($α\text{-}CaSO_4 \cdot 1/2H_2O$),这两个半水石膏化学式相同,结构不同,它们继续脱去结晶水形成无水石膏,化学本质是无水硫酸钙($CaSO_4$)。

二水硫酸钙和无水硫酸钙用途比较广泛,在食品、农业、化工、涂料等多方面都有应用。半水硫酸钙具有较好的凝胶性质,遇水可固结形成一定强度的材料,其中 β-半水硫酸钙多用于建筑行业,α-半水硫酸钙多用于模具制造等。

石膏材料是一种全彩色的 3D 打印材料,是基于石膏的、易碎、坚固且色彩清晰的材料。3D 打印石膏成品在处理完毕后,表面可能出现细微的颗粒效果,外观很像岩石,在曲面表面可能出现细微的年轮状纹理。因此,多应用于动漫玩偶等领域。

1. 石膏材料在 3D 打印材料中的优势

据统计,目前已经研究出可以使用在 3D 打印机上的材料约有 14 种,主要有 ABS 塑料、PC 工程塑料,以及金属粉末、木材、蜡、石膏粉等,在此基础上又可混搭出 107 种,其中使用粉末微粒作为打印介质(最常用的是石膏粉)的 3D 打印机,打印的模型更精细一点。这些材料多为粉末或者黏稠的液体,从价格上来看,1 kg 石膏材料从几百元到几万元不等,而半水石膏粉市场价在几元每千克,就价格而言优势明显。按照打印材料分,常见的 3D 打印机可以分为硫酸钙(石膏)材料打印机、ABS 材料打印机、光敏树脂材料打印机等,不同的材料在 3D 打印时有着不同的特点。

2. 石膏材料的特点

石膏是以硫酸钙为主要成分的气硬性胶凝材料,由于石膏胶凝材料及其制品有许多优良性质,原料来源丰富,生产能耗低,因而被广泛地应用于土木建筑工程领域。石膏的微膨胀性使得石膏制品表面光滑饱满,颜色洁白,质地细腻,具有良好的装饰性和加工性,是用来制作雕塑的绝佳材料。

石膏材料相对其他诸多材料而言有着诸多优势:

(1)精细的颗粒粉末,颗粒直径易于调整。

(2)价格相对低,性价比高。

(3)安全环保,无毒无害。

(4)模型表面常为沙粒感、颗粒状。

(5)石膏材料本身为白色,打印模型可实现彩色。

（6）典型应用：唯一支持全彩色打印的材料，建筑模型展示。

3. 石膏材料在 3D 打印材料中的应用

在许多人的眼中，3D 打印技术就是一个点石成金的魔法，在理论上"无孔不入"的打印技术。近年来在全球持续升温、热潮频袭，3D 打印技术也在不断推陈出新。有报道称，如果用丙烯腈丁二烯苯乙烯（ABS）等树脂、塑料为材料进行 3D 打印的话，会排放大量直径通常不超过 100 nm 的超细粒子。如果人吸入这些粒子后，这些粒子可能就会沉积在肺部或直接被血液吸收，从而导致心肺死亡、中风和哮喘等疾病。目前 3D 打印机常用的材料有石膏、无机粉料、光敏树脂、塑料等。其中塑料、树脂等大多难以降解，打印材料本身就具有潜在的危害及毒性，一旦大规模运用恐怕会给人体带来致癌等危险。所以在选择 3D 打印材料上，需要考虑其是否安全无毒、是否环保、是否具有可持续性。还有专家建议，在 3D 打印技术还不是非常成熟的时期，尽量选择石膏作为 3D 打印材料，石膏在现有的 3D 打印材料中是最安全和环保的。

对于骨折的病人，需要在骨折部位打上石膏，而目前各大医院所用的石膏过于厚重，给病人生活带来诸多不便。利用三维打印机创建出一种新型石膏，这种石膏重量较轻，且可进行弯曲。这种保护架可针对每个病人进行个性化设计，并可依据受伤的严重程度设计。此外，这种框架仅仅会保护受伤部位，其他部位则不需要被固定。这种新型石膏的优点在于其轻便耐用的设计，且可以清洗，有助于皮肤"呼吸"。如图 2.18 所示，用石膏材料打印的透气模型。

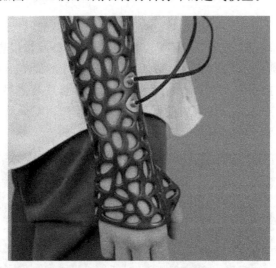

图 2.18　透气医疗石膏模型

利用石膏 3D 全彩打印，可以打印人偶。武汉光谷某商家引进 3D 色彩人像摄影新技术系统已经开始投入运行，该技术采用专业扫描仪，对人体进行快速立体扫描，在电脑上存储数据，运用高强度复合石膏粉，经过 3D 打印机很快就可以"打印"出 15～30 cm 不等的"人偶",如图 2.19 所示。

图 2.19 3D 全彩打印的人偶

如今,3D 打印衣服、鞋子等已不是新鲜事了,据国外媒体报道,美国的一名患者成功接受了一例具有开创性的手术,用 3D 打印头骨替代 75% 的自身头骨。不仅如此,我们还希望利用 3D 打印技术为更多的患者修复其他部位的缺失或者受损的骨骼。当然,在选择打印材料的同时,我们推荐选用纯天然、安全环保、无毒无害的硫酸钙(石膏)作为打印材料。图 2.20 为打印的关节。

(a)膝盖关节   (b)股骨头关节

图 2.20 石膏材料打印的关节

除此以外,石膏粉末材料还可以用于其他三维全彩模型的打印,经过后处理可以将表面质量及色彩度高度还原接近真实样貌,如图 2.21 所示。

图 2.21　石膏粉末彩色打印的展品

3D 打印机为了适合不同行业的需求,提供"轻盈小巧"和"大尺寸"的多样化选择。已有多款小巧的 3D 打印机,并在不断挑战"轻盈小巧"的极限,为未来进入家庭奠定基础。打印材料的发展尤为重要,3D 打印全靠有"米"下锅,石膏作为性价比高的打印材料,取材广泛,价廉易得,毒副作用极小,随着人们研究的深入,石膏在 3D 打印方面的应用将有更广阔的发展前景。

2.3.3　彩色砂岩

砂岩是一种沉积岩,主要由砂粒胶结而成,其中砂粒含量大于 50%。绝大部分砂岩是由石英或长石组成的,石英和长石是组成地壳最常见的成分。砂岩的颜色和成分有关,可以是任何颜色,最常见的是棕色、红色、灰色和白色。有的砂岩可以抵御风化,但又容易切割,所以经常被用于做建筑材料和铺路材料。石英砂岩中的颗粒比较均匀坚硬,所以砂岩也被经常用来做磨削工具。砂岩由于透水性较好,表面含水层可以过滤掉污染物,比其他石材如石灰石更能抵御污染。

砂岩是石英、长石等碎屑成分占 50%以上的沉积碎屑岩。它是源区岩石经风化、剥蚀、搬运在盆地中堆积形成的。岩石由碎屑和填隙物两部分构成。碎屑除石英、长石外还有白云母、重矿物、岩屑等。填隙物包括胶结物和碎屑杂基两种组分。常见胶结物有硅质和碳酸盐质胶结;杂基成分主要指与碎屑同时沉积的颗粒更细的黏土或粉砂质物。填隙物的成分和结构反映砂岩形成的地质构造环境和物理化学条件。砂岩按其沉积环境可划分为石英砂岩、长石砂岩和岩屑砂岩三大类。砂层和砂岩构成石油、天然气和地下水的主要储存层。

彩色砂岩具有很多优点,它是一种暖色调的装饰用材,素雅而温馨,协调而不失华贵。它具有石的质地,木的纹理,还有壮观的山水画面,色彩丰富,贴近自然,古朴典雅,在众多的石材中独具一格,它因美而被人称为"丽石"。彩色砂岩是一种无光污、无辐射的优质天然石材,对人体无放射性伤害。它有隔音、吸潮、抗破损、户外不风化、水中不溶化、不长青苔、易清理等特点。同时,它还具有防潮、防滑、吸音、吸光、无味、无辐射、不褪色、冬暖夏凉的优点。用它作为装饰可以营造出一种温馨典雅的空间气质。而且与木材相比,它不开裂、不变形、不腐烂、不褪色。

这些优点使得砂岩变成最广泛的一种建筑用石材。几百年前用砂岩装饰而成的建筑至今风韵犹存,如巴黎圣母院、卢浮宫、英伦皇宫、美国国会、哈佛大学等,砂岩高贵典雅的气质及其坚硬的质地成就了世界建筑史上一朵朵奇葩。近几年砂岩作为一种天然建筑材料,被追随时尚和自然的建筑设计师推崇,广泛地应用在商业和家庭装潢上。

彩色砂岩用来切割作为建筑材料的时候,会产生很多的废弃物——颗粒很细的彩色砂岩粉末,已经成为环境问题之一。如果将这些彩色砂岩粉末都用来制作3D打印产品,将会是一个既环保又节约资源的选择。由全彩砂岩制作的对象色彩感较强,3D打印出来的产品表面具有颗粒感,如图2.22所示,打印的纹路比较明显使物品具有特殊的视觉效果。它的质地较脆容易损坏,并且不适用于打印一些经常置于室外或极度潮湿的环境中的产品。当一个设计师希望使用多种颜色打印他们的设计时,他们往往选择的是彩色砂岩。因为它可以打印多种颜色,颜色层次和分辨率都很好。砂岩打印出的模型较为完美并且栩栩如生。因此全彩砂岩被普遍应用于制作模型、人像、建筑模型等室内展示物。

图 2.22　全彩砂岩打印的展示品

全新的 3D 打印彩色砂岩材料,可以看作是在传统较粗糙的彩色砂岩材料外表增加了一层 UV 树脂的涂层,令其打印出的表面更加明亮,增加打印对象的表现力,相机拍摄出的照片效果更好,好似大理石质感。这种极具光泽的表面可以增强色彩的表现力,对于深色调的效果尤为明显。它会使黑色看起来更黑,使午夜蓝看上去更蓝,红色更加充满活力。

但是,彩色砂岩作为 3D 打印材料,虽然色彩感较强,却有很大的局限性,其材质较脆,基本上一摔即碎,不利于长期保存,这是需要尽快解决的问题。

2.3.4　淀粉

淀粉是由葡萄糖分子聚合而成的,它是细胞中碳水化合物最普遍的储存形式,具有吸湿性,其性能见表 2.13。它是植物体中贮存的养分,一般贮存在种子和块茎中,各类植物中的淀粉含量都较高,大米中的淀粉质量百分数为 62%～86%,麦子中的淀粉质量百分数为 57%～75%,玉蜀黍中的淀粉质量百分数为 65%～72%。同时,淀粉是食物的重要组成部分,咀嚼米饭等时感到有些甜味,这是因为唾液中的唾液淀粉酶将淀粉水解成了麦芽糖。食物进入小肠后,还能被胰腺分泌出来的唾液淀粉酶和肠液水解,形成的葡萄糖(单糖)被小肠绒毛吸收,成为人体组织器官的营养物。

表 2.13　淀粉的主要性能和参数

性　　能	参　　数
颜色	白色
外观	无臭无味粉末
大小	$1\sim175\ \mu m$
分子式	$(C_6H_{10}O_5)_n$
密度	1.5 g/ml
熔点	256～258 ℃
沸点	357.8 ℃
燃点	380 ℃
溶解度	不溶于冷水、乙醇、乙醚

淀粉不溶于冷水,但和水共同加热至沸点,就会形成糊浆状。这又叫淀粉的糊化,具有胶黏性。这种胶黏性遇冷水产生胶凝作用,淀粉制品粉丝、粉皮就是利用淀粉的这一性质制成的。烹调中的勾芡,也是利用了淀粉的糊化作用,使菜肴汤汁浓稠。当淀粉经稀释处理后,最初形成可变性淀粉,然后形成能溶于水的糊精。淀粉在稀酸的条件下加热或者在酶的催化作用下发生水解反应,生成葡萄

糖,式子如下:

$$(C_6H_{10}O_5)_n + nH_2O \rightarrow nC_6H_{12}O_6$$

淀粉中含有两个以上性质不同的组成成分,能够溶解于热水的可溶性淀粉,叫直链淀粉;只能在热水中膨胀,不溶于热水的叫支链淀粉。直链淀粉为无分支的螺旋结构,含几百个葡萄糖单元;支链淀粉以 24~30 个葡萄糖残基以 α-1,4-糖苷键首尾相连而成,在支链处为 α-1,6-糖苷键,含几千个葡萄糖单元。在天然淀粉中,直链淀粉占 20%~26%,其余的则为支链淀粉。

直链淀粉遇碘呈蓝色,支链淀粉遇碘呈紫红色,这并非是淀粉与碘发生了化学反应,产生相互作用,而是淀粉螺旋中央空穴恰好能容下碘分子,通过范德华力,两者形成一种蓝黑色络合物。实验证明,单独的碘分子不能使淀粉变蓝,实际上使淀粉变蓝的是碘离子。淀粉是植物体中贮存的养分,贮存在种子和块茎中,各类植物中的淀粉含量都较高。淀粉可以看作是葡萄糖的高聚体。淀粉除了可以食用外,工业上还可用于制糊精、麦芽糖、葡萄糖、酒精等,也能用于调制印花浆、纺织品的上浆、纸张的上胶、药物片剂的压制等,可由玉米、甘薯、野生橡子和葛根等含淀粉的物质中提取而得。

淀粉材料经微生物发酵成乳酸,再聚合成聚乳酸(PLA),和传统的石油基塑料相比,聚乳酸更安全、低碳、绿色。聚乳酸的单体乳酸是一种广泛使用的食品添加剂,经过体内糖酵解最后变成葡萄糖。聚乳酸产品在生产使用过程中,不会添加和产生任何有毒物质。

聚乳酸材料属于环境友好型材料,和传统塑料废弃后对环境造成破坏不同的是,废弃的聚乳酸产品,能进行微生物降解,通过大自然微生物自然降解为水和二氧化碳,这个过程只要 6~12 个月,是真正对环境友好的材料,聚乳酸材料虽然很强大,但是它同时也有弱点,如耐热和耐水解能力较差,对聚乳酸产品的使用产生了诸多限制。

聚乳酸是常见的 3D 打印材料,但是其在温度高于 50 ℃的时候就会变形,限制了它在餐饮和其他食品相关方面的应用。但是如果通过无毒的成核剂加快聚乳酸结晶化速度,就可以使聚乳酸的耐热温度提高到 100 ℃。利用这种改良的聚乳酸材料可以打印餐具和食品级容器、袋子、杯子、盖子。这种材料还能用于非食品级应用,比如制作电子设备的元件、耐热的食品级生物塑料,可以说是 3D 打印的理想材料。

图 2.23 所示的是一款可降解的生物基 3D 打印线材,这种线材是用非转基因的玉米淀粉制成的,它柔软、有弹性、耐热。用该种材料打印的产品,在 6 个月后其生物降解水平可达 90%,不过需要满足有关水分、微生物、温度和氧气等相关条件。这意味着将来用 3D 打印的野营餐具时不用考虑环境污染问题,在使用过后将其弃置在野外也没关系,因为几个月后它就会通过降解回到大自然的怀抱,它最终会变成一堆肥料。

图 2.23　基于非转基因玉米淀粉做成的 3D 打印线材

（图片来源：m. zol. com. cn）

思　考　题

1. 简述尼龙材料的性能。

2. 简述 ABS 材料的特点及优点。

3. 简述石膏材料的特点。

4. 简述陶瓷材料的分类及特点。

5. 简述 SLA 工艺对光敏树脂材料的要求。

6. 简述光固化机理及材料对成型质量的影响。

7. 常用光敏树脂有哪些？

8. 简述光敏树脂材料的组成有哪些部分？

9. 高分子材料的特性有哪些？

10. 高分子材料的种类有哪些？

11. 简述橡胶的性能。

12. 简述聚乳酸的性能及优缺点。

13. 简述聚碳酸酯材料的性能。

14. 简述聚亚苯基砜材料的性能。

15. 简述聚醚酰亚胺材料的性能。

知识模块 3　3D 打印生物医用材料

对于生物材料、医用功能材料、生物医学材料，一般都要求十分严格，因为生物体内部是一个非常复杂的环境。不管是动物还是人类，都有一种很好的防御系统，用以抵抗异物的入侵。植入材料对生物体来说是异物，它会诱使生物体做出反应。生物材料必须具备以下几个条件：一是与生物的相容性，即能被人体接受，不致癌，不引起中毒、血栓、凝血等副作用；二是生物适应性好，良好的化学稳定性，即无毒，抗体液、血液及体内生物酶的老化作用，且在生物体内不分解或产生沉淀等；三是良好的物理性能，具有一定的强度、硬度、韧度、塑性和较轻的质量等力学性能以满足耐磨、耐压、抗冲击、抗疲劳、抗弯曲等医用要求。

3D 打印技术与医学、组织工程相结合，可制造出药物、人工器官等用于治疗疾病的产品。加拿大目前正在研发"骨骼打印机"，利用类似喷墨打印机的技术，将人造骨粉转变成精密的骨骼组织。打印机会在骨粉制作的薄膜上喷洒一种酸性药剂，使薄膜变得更坚硬。

目前，3D 打印技术被广泛应用到生物医学领域，不仅包括骨骼、牙齿、人造肝脏、人造血管、药品等实体制造，而且在国际上也开始将此技术用于器官模型的制造与手术分析策划，个性化组织工程支架材料和假体植入物的制造，以及细胞或组织打印等方面的应用中。据报道，2013 年 12 月，剑桥大学再生医疗研究所开创性地通过 3D 打印技术，用大鼠视网膜的神经节细胞和神经胶质细胞制备得到具有三维结构的人工视网膜。该人工视网膜细胞打印出来后存活率高，并且仍具有分裂生长能力，这一突破性的进展为人类治愈失明带来了希望。目前已经可以利用 3D 打印技术和仿生材料制备一些无细胞的修复材料，并且已经开始临床应用。

未来，可以利用 3D 打印技术打印出具有生物活性的人体器官，实现人造器官的临床应用。此外，打印技术可以用于个性化治疗，降低治疗成本，将来开发更多的生物相容性和生物降解材料，与 3D 打印技术相结合可以减轻因材料的不足而对人体产生的伤害。这样一来，3D 打印技术必将引领医疗领域的革命潮流。

3.1　生物医用金属材料

生物医用金属材料（biomedical metallic materials）是用作生物医学材料的金属或合金。医用金属材料具有较高的机械强度和抗疲劳性能，是临床应用最广泛的植入材料。

随着人们生活水平的不断上升和交通事故、体育运动等损伤的日益增多,合金器械已广泛应用于临床治疗,但是由于人体的差异性、缺损部位形态的随机性,使得标准化植入体常常不能满足临床的使用要求。从更高的技术要求来看,最好的治疗手段应该是个性化治疗,最好的植入体应该是个性化植入体。而 3D 打印技术的出现为个性化植入物的制造和广泛应用提供了可靠的技术支撑。

在医疗行业,尤其是在修复性医学领域,病人存在个体特征差异,个性定制化需求显著,个性化、小批量和高精度恰是 3D 打印技术的优势所在。更重要的是,3D 打印可制造多孔合金医疗器械,从而实现器械更好的生物力学适配和结构减重,并通过表面多孔结构使其具有更好的成骨诱导和骨整合性能。因此 3D 打印率先在医疗领域获得应用上的突破,已在骨科、整形外科等方面得到临床应用。

目前用于研究 3D 打印的生物医用材料多为塑料,而金属材料具有比塑料更好的力学强度、导电性以及延展性,使其在硬组织修复研究领域具有天然的优越性。

3.1.1　医用金属

医用金属主要包括贵金属,钛、钽、铌、锆等金属,以及不锈钢、铝合金、钴基合金、钛合金、钴铬合金、形状记忆合金、贵金属等。已用于临床的医用金属材料主要有不锈钢、钴基合金、钛基合金。其中钛及钛合金无毒、质轻、强度高且具有优良的生物相容性,是非常理想的医用金属材料。

3.1.2　3D 金属打印技术及其对金属材料的要求

1. 3D 金属打印对金属材料的要求

目前用于 3D 打印的金属粉末材料主要有钛合金、钴铬合金、不锈钢等,3D 打印对原料的要求较高,主要包括纯净度高、球形度好、粒径分布窄、氧含量低、粉末粒径细小、具备良好的可塑性和流动性等特点。因此适用的金属粉末材料制备困难,品种单一,价格昂贵。目前,国内用于 3D 打印的金属粉末材料大部分依赖进口,从而增加了制作成本,在一定程度上限制了 3D 金属打印技术的应用和发展。因此,如何制备出适用于 3D 打印的金属粉末材料是一个急待解决的问题。

2. 3D 金属打印类型

3D 金属打印技术有多种,目前较成熟的 3D 金属打印技术主要有选区激光熔化(SLM)、电子束选区熔化(EBM)、激光近净成型(LENS)等,其中,SLM 和 EBM 具有较好的应用前景,虽然二者工艺过程大致相同,但使用的能量源不同,SLM 采用的激光为高能束流,EBM 技术采用电子束。SLM 技术是基于快速成型的最基本思想,用逐层添加的方式根据 CAD 数据直接成型具有特定几何形状的零件,成型过程中金属粉末完全熔化,产生冶金结合。

EBM 技术是类似于激光成型的一种快速制造技术,其工艺过程是先确定零件的三维 CAD 模型,然后按照一定的厚度进行分层切片处理而将零件的三维形状数据离散成一系列二维数据,再将所得模型导入成型设备中,利用电子束能量源进行有选择的熔化烧结,通过逐层堆积而成。

3. 不同的 3D 金属打印工艺的优缺点

与传统工艺相比,不同的 3D 打印工艺除了共同具有直接成型,无须模具,可实现个性化设计并制作复杂结构,高效、低消耗、低成本等优点外,不同的 3D 打印工艺还有各自的优缺点。

SLM 优点:可方便地在零件的不同部位生成不同的材料,以得到不同的成分、组织和性能。对材料的要求较宽泛,理论上任何经激光加热后能在颗粒间形成原子间连接的粉末材料均可作为激光快速成型技术的成型材料。

SLM 缺点:激光功率、激光束扫描速度、扫描间距、粉末粒度、铺粉层厚、扫描路径都影响金属制品的性能,因此须对烧结工艺参数进行有效调控;能量利用率低,只有 15%;烧结后的金属制品机械强度和致密度较低,需进行后续处理才能满足使用要求;SLM 成型过程易产生热应力、组织应力、残余应力,易导致制件的翘曲变形与裂纹。

EBM 优点:高真空环境下可防止金属材料被氧化、污染和侵害;产品具有良好的形状稳定性和低残余应力特性;被加热的物体仅限于熔化金属部分以及周围粉末的保温,能源被充分有效利用;材料的利用率高,回收再利用率可达 95%。可生成中空的多孔格栅等强度高、重量轻的结构。

EBM 缺点:熔炼合金时,添加元素易于挥发,合金的成分及均匀性不易控制;运行费用较高;易产生 X 射线;较少涉及成型过程中组织结构的变化;对金属粉末熔点有要求。

3.1.3　3D 打印对金属性能的影响

对金属植入物性能应从其生物功能性及生物相容性方面进行研究。生物功能性是使所制备的植入体完成某种功能的一系列性能,主要指力学性能。生物相容性是指植入物有效地和长期地在体内或体表持续行使这种功能的能力,主要指金属对周围组织及细胞的影响。耐腐蚀性能涉及生物功能性、生物相容性两方面。

1. 外科金属植入物应具备的基本条件

临床对于外科金属植入物的基本要求如下。

(1)材料毒副作用小,不致癌,不引起细胞的突变与组织反应,极好的耐蚀性、无磁性。

(2)具有一定的强度和抗疲劳性能;低弹性模量;高抗磨性;材料易于制造,价格适当。

（3）化学性能较稳定，耐腐蚀性强。

（4）与人体组织相容性好，不引起中毒和过敏等反应。

2. 影响金属性能的因素

金属的性能是由显微组织的形态决定的，金属的显微组织形态类型繁多。就钛合金而言，其显微组织类型基本上可分为四大类：片层组织（魏氏组织）、网篮组织、等轴组织和双态组织。不同的组织对应不同的力学性能和耐腐蚀性能。

（1）片层组织：断裂韧度、蠕变强度和持久性好，但塑性差、疲劳强度、抗缺口敏感性、热稳定性和抗热应力腐蚀性很差。

（2）网篮组织：有较好的塑性、冲击韧度、断裂韧度和高周疲劳强度。

（3）等轴组织：塑性、疲劳强度、抗缺口敏感性和热稳定性好，但断裂韧度、蠕变强度和持久性稍差。

（4）双态组织：兼顾了等轴组织和片状组织的优点，就有强度—塑性—韧性—热强性的最佳综合匹配。因此要研究3D打印金属的力学性能及耐腐蚀性能，就得了解其金属制品的显微组织形态。而微观组织形态主要取决于合金的化学成分、变形工艺和热处理。

人体骨科植入物，尤其是承重部位植入物，必须具有一定的力学性能，才能维持其形态的完整，并实现负重、跑步、跳跃等功能。钛合金植入物的3D打印技术的主要机制是金属粉末的熔化、冷却和凝固，期间还伴随着巨大的温度梯度。因此，钛合金3D打印制品容易出现力学性能较差、热应力大的问题。研究发现，通过控制金属熔化过程，实现熔池小、冷却速度快，可有效避免传统铸造过程中晶粒的过分长大和成分偏析，且生产过程在高真空环境下进行，可避免氧化，从而有利于保证其静态力学性能，满足骨科植入物的生物力学要求。

3.1.4　Ti6Al4V合金用于医学3D打印

有研究发现，采用电子束熔融技术制备的Ti6Al4V合金试样的屈服强度和抗拉强度能够分别达到920 MPa和840 MPa，伸长率和断面收缩率也可以达到30％和15％，其性能均能够满足外科植入物骨关节假体锻、铸Ti6Al4V合金强制性行业标准的要求，表3.1所示为Ti6Al4V零件的室温力学性能。

表3.1　钛合金Ti6Al4V零件的室温力学性能

材料状态	抗拉强度 /MPa	屈服强度 /MPa	伸长率 /（％）	断面收缩率 /（％）
HIP态	1080	890	19.2	31.4
HIP＋退火	1130.5	920	17.5	29.5
HIP＋固溶时效	1197.6	941	13.1	22.5
ASTM锻件标准	895	825	12	—

虽然钛合金作为生物医用材料具有高强度、高硬度以及较好的韧性、抗冲击性能、抗疲劳性能和优异的生物相容性。然而在近年来的临床应用研究中发现，钛合金的弹性模量与人骨的弹性模量不匹配，且抗拉强度、抗压强度和抗弯强度都比人骨高得多，在应力作用下将产生不同的应变，使载荷不能由植入体很好地传到相邻的骨组织上，在材料和骨之间出现相对位移，产生"应力屏蔽"现象。在这种情况下，缺少足够应力刺激的骨组织会出现退化。

为了降低钛合金人体植入物的弹性模量，制作多孔的钛合金人体植入件是一个非常有效的方法。已有研究表明，多孔状结构能显著降低钛合金的弹性模量，并且强度和模量可以通过改变孔隙率来进行调整，多孔钛的弹性模量随着孔隙率的增大而显著降低。例如，使用低模量 β 钛合金制作多孔人体植入物，更低的孔隙率就可使其弹性模量与皮质骨相当。此外，引入多孔结构可以促进植入物与人骨融合，且在保证力学性能的同时，能达到减重和减小应力屏蔽效应的目的。有研究表明，植入物孔径为 200 μm 的产品植入人体后与骨组织的结合效果最为显著，另外，3D 打印成型的多孔钛合金人体植入物粗糙的表面结构可以促进新骨组织长入孔隙，不仅加强了植入体与原骨组织的生物固定，还可以使应力沿植入物向周围骨传递。

我国在钛合金 3D 打印制造领域已有相当的科研实力。北京航空航天大学、西北工业大学、清华大学、华南理工大学等各自研发了不同的钛合金 3D 打印技术，并取得了一定的成果。华南理工大学采用 SLM 技术制作了医用多孔互通的钛合金多孔结构件，并成功地将该技术用于股骨模型的重建。西北有色金属研究院科研团队在多孔钛合金的 3D 打印成型方面已开展了相关研究工作，分别通过激光和电子束选区熔化技术制备出具有微孔结构的钛合金件（见图 3.1），并就成型参数等对钛合金多孔植入物力学性能的影响开展了研究，尤其就微孔形状、尺寸、分布等对钛合金多孔件生物力学性能的影响规律等进行了系统研究。

图 3.1　激光快速成型多孔钛合金植入物样品

目前，关于 3D 打印钛合金人体植入物的研究主要集中在结构设计上，很少关注产品成型过程中组织结构的变化。如何将 3D 打印技术结构设计与成型过程中合金的组织研究有机结合起来，从而全面客观地评价产品的安全性能，是未来研究的重点。此外,目前国内 3D 打印技术还难以实现高精度零部件直接成型,仍需要后期加工工艺的补充与配合;3D 打印技术在骨科植入物中的应用还不成熟,即使最为成熟的 EBM 技术中,电子束与粉末之间的相互作用、变形及残余应力控制、表面粗糙度、内部结构缺陷调控等关键技术问题均有待解决,产品性能的稳定性也有待提高;另外,配套软件集成度及功能也需要继续完善。图 3.2 所示为采用钛合金制成的医学植入体。

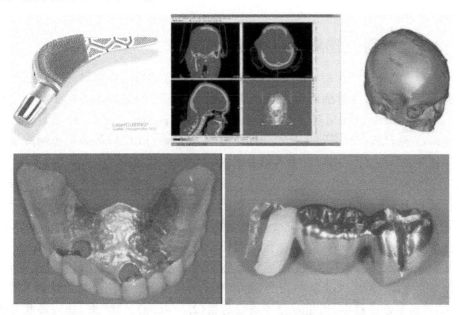

图 3.2　金属 3D 打印的医学植入体

3D 打印制造技术为各种创新提供了实践的舞台,虽然短时间内还不能与传统制造并驾齐驱,但它正被应用于医疗器械原型制作、零部件以及直接制作高度定制或工艺复杂但产量较少的器械物件等。且随着 3D 打印技术中对器械体积和打印速度瓶颈的逐渐突破,加上钛合金粉末价格的下降,尤其是设计、制造、组装、运输、销售和操作产品等成本及流程的不断优化,将使得 3D 打印医疗器械的应用越来越广泛。

3.2　生物医用高分子材料

生物医用高分子材料(biomedical polymer)与人体器官组织的天然高分子有着极其相似的化学结构和物理性能,因而可以部分或者全部取代有关器官,是现代医学的重要支柱材料。

3D 生物打印借助影像技术(如电子计算机断层扫描、磁共振成像)资料,应用

CAD 技术虚拟出 3D 结构,然后构造出片层模型数据,利用快速成型机,选用适当的材料逐层打印,直至构建出实体。3D 打印技术能够根据不同患者的需要,快速精确地制备适合不同患者的个性化生物医用高分子材料,并能同时对材料的微观结构进行精确控制。因此,这种新兴的医用高分子材料制备技术在未来生物医学应用中具有独特的优势。

医用高分子材料应具有生物相容性,包括可生物降解的高分子材料和非生物降解的高分子材料。

3.2.1 可生物降解高分子材料

可降解型高分子是指可在生态环境作用下,大分子的结构被破坏,性能退变,逐步降解为能通过正常的新陈代谢,被机体吸收利用或被排出体外的小分子。利用 3D 打印技术合成医用高分子材料所使用的原料包括聚乙交酯(PGA)、聚丙交酯(PLA)、聚己内酯(PCL)以及乙交酯-丙交酯共聚物(PLGA)等。可生物降解高分子材料主要用于药物释放、手术缝合线等。

1. PGA

PGA 又称为聚乙醇酸或聚羟基乙酸,其单元碳数少且无毒,具有优异的物理化学性能和较高的机械强度,生物降解速度快且生物相容性良好。合成 PGA 主要有直接缩聚法和开环聚合法。直接缩聚法是羟基乙酸(GA)直接脱水缩聚合,该方法聚合工序短,原料消耗少,但在反应过程中无法保证很高的脱水度。由于聚合温度高,常导致 PGA 带有颜色,且相对分子质量小。为获得高相对分子质量 PGA,可在聚合过程中,当相对分子质量达到$(2.0\sim6.0)\times10^3$时,加入液状石蜡或含磷化合物以阻止反应体系黏度升高,可有效提高水扩散速率,得到高相对分子质量 PGA。开环聚合法是通过 GA 的开环聚合制备高分子材料 PGA,最常用的催化剂是锡盐类化合物,特别是辛酸亚锡,但锡盐具有较高的细胞毒性。铋化合物是毒性较低的重金属化合物,目前已有采用乙酸铋催化 GA 开环聚合,合成了重均分子量为1.1×10^5、特性黏数高达 0.884 dL/g 的 PGA。

2. PLA

PLA 是一种线型热塑性脂肪族聚酯,具有良好的可生物降解性和生物相容性。PLA 最终的降解产物是水和二氧化碳。PLA 主要以淀粉为原料,利用淀粉分解出的葡萄糖发酵得到乳酸,再聚合得到 PLA。其废弃物在土壤或水中,30 天内会彻底分解成水和二氧化碳。生物医用材料应用较多的是左旋 PLA 和右旋 PLA。在 PLA 的工业生产中,最常用的催化剂是羧酸锡盐类化合物,尤其是辛酸亚锡,在醇类试剂的存在下,能很好地控制反应程度,催化乳酸聚合。

PLA 的合成方法主要有两种:一种是由乳酸直接缩聚合成,常通过熔融缩聚、溶液缩聚或固相聚合完成;另一种是采用丙交酯开环聚合得到,乳酸单体经脱水环化先制备丙交酯单体,然后丙交酯开环聚合得到具有高聚合度的 PLA。

3. PCL

PCL 是一种半晶型高聚物,是 ε-己内酯开环聚合的产物。PCL 熔点为 60 ℃,其重复的结构单元上有 1 个极性的酯基和 5 个非极性的亚甲基,分子链中的 C—O 和 C—C 能够自由旋转,这种结构使 PCL 具有很好的柔性和加工性。

根据生产工艺和所用原料的不同,ε-己内酯的合成方法主要有环己酮氧化法、环己醇氧化法、己二酸环化法、1,6-己二醇脱氢法和 6-羟基己酸分子内缩合法等。工业化生产通常使用过氧乙酸和过氧丙酸氧化环己酮合成 ε-己内酯。

PCL 具有较强的疏水性和结晶性能,与大多数高分子材料类似,除了主链端基外,其分子骨架缺少供生物功能分子和(或)细胞识别的功能基团。因此,以 PCL 为基质构建的生物医用材料不利于细胞在其表面的黏附生长,需要对 PCL 进行化学和生物改性。目前,对 PCL 的改性修饰主要包括:一是以单纯 PCL 为基质材料制备二维或三维支架材料,然后在材料的表面进行改性修饰;二是直接在 PCL 主链上修饰侧链基团。

3.2.2　非生物降解高分子材料

对于非降解型高分子材料,要求其在生物环境中能长期保持稳定,不发生降解,相互之间不发生化学反应,并具有良好的物理性能,可用于人体软硬组织修复体、人工器官等的制造。

1. PAEK

具有生物相容性的非生物降解高分子材料包括聚芳醚酮(PAEK)、聚乙烯醇、超高相对分子质量聚乙烯,以及它们与纳米羟基磷灰石(HA)的复合材料。PAEK 是一类分子主链由醚基、酮基和苯基构成的芳香族聚合物。目前,已经开发成功的主要有聚醚醚酮(PEEK)、聚醚酮酮(PEKK)等。

PEEK 是由二苯酮二卤代物与对苯二酚碱金属盐聚合而成,PEEK 能达到的最大结晶度约为 48%,一般为 20%～30%。工业化生产是氢醌与二氟二苯甲酮在二苯砜为溶剂的非质子极性溶剂中,在无水 Na_2CO_3 存在的条件下,于 280～340 ℃缩聚合得到高相对分子质量 PEEK。该方法的优点是交联、支化等副反应容易控制,但单体价格较高,合成工艺复杂且反应条件苛刻。还可以采用以二苯醚和间苯二甲酰氯为原料的低温反应制备 PEEK,该方法的优点是原料来源方便,反应条件温和,但存在交联、支化等副反应。

2. 硅胶

硅胶在生物环境中是可降解材料,但是要在强酸或强碱环境中才可行。由于硅胶的性能极好且成本很低,所以硅胶也被称为 3D 打印医用高分子材料的一员。硅胶材料可以分为有机硅胶和无机硅胶两大类。有机硅胶是一种有机硅化合物,是指含有 Si—C 键且至少有一个有机基是直接与硅原子相连的化合物,习惯上也常把那些通过氧、硫、氮等使有机基与硅原子相连接的化合物当成有机硅化合物。无机硅胶是一种高活性吸附材料,属于非晶态物质,其化学分子式为 $mSiO_2 \cdot nH_2O$。

它是一种不溶于水及任何溶剂、无毒无味、化学性质稳定的物质,除了能和强碱、氢氟酸反应外不与任何物质发生反应。硅胶的化学组分和物理结构,决定了它具有许多其他同类材料难以取代的特点,比如吸附性能高、热稳定性好、化学性质稳定、有较高的机械强度等。

硅胶的结构非常像一个海绵体,由互相连通的小孔构成一个有巨大表面积的毛细孔吸附系统,能吸附和保存水汽,在湿度为 100% 的条件下,它能吸附并凝结相当于其自重 40% 的水汽。无机硅胶具有开放的多孔结构,比表面很大,能吸附许多物质,是一种很好的干燥剂、吸附剂和催化剂载体。无机硅胶的吸附作用主要是物理吸附,可以再生和反复使用。

有机硅胶具有极其独特的结构。

(1)硅原子上充足的甲基将高能量的聚硅氧烷主链屏蔽起来。

(2)C—H 键极性极弱,使分子间的相互作用力十分微弱。

(3)Si—O 键的键长较长,Si—O—Si 键的键角大。

(4)Si—O 键是具有 50% 离子键特征的共价键,即共价键具有方向性,离子键无方向性。

这些特殊的组成和分子结构使它集有机物的特性与无机物的功能于一身。与其他的高分子材料相比,有机硅胶具有众多优点。

(1)耐温特性,有机硅产品是以 Si—O 键为主链结构的,C—C 键的键能为 345.8 kJ/mol,Si—O 键的键能在有机硅中为 506 kJ/mol,所以有机硅产品的热稳定性高,在高温条件甚至辐射条件下分子的化学键也不会断裂、分解。有机硅胶不但可耐高温,而且也耐低温,可在一个很宽的温度范围内使用。

(2)耐候性。有机硅胶中无双键存在,因此不易被紫外光和臭氧分解。有机硅胶具有比其他高分子材料更好的热稳定性以及耐辐照和耐候能力。有机硅胶在自然环境下的使用寿命可达几十年。

(3)电气绝缘性能。有机硅产品都具有良好的电绝缘性能,其介电损耗、耐电压、耐电弧、耐电晕、体积电阻系数和表面电阻系数等均在绝缘材料中名列前茅,而且它的电气性能受温度和频率的影响很小。因此,它是一种稳定的电绝缘材料,被广泛应用于电子、电气工业上。

(4)生产惰性。聚硅氧烷类化合物是已知的最无活性的化合物的一种。它十分耐生物老化,与动物无排异反应,并且有较好的抗凝血性能。

(5)低表面张力和低表面能。有机硅胶的主链十分柔顺,其分子间的作用力比碳氢化合物要弱得多,因此,比同分子量的碳氢化合物黏度低,表面张力弱,表面能小,成膜能力强。

由于有机硅胶具有上述这些优异的性能,因此它的应用范围广泛。有机硅胶不仅可作为航空、尖端技术、军事技术部门的特种材料使用,而且也可用于国民经济的各部门,其应用范围已扩展到建筑、电子电气、纺织、汽车、机械、皮革造纸、化工轻工、金属和油漆、医药医疗等领域。

　　硅胶材料的黏度很大，用于 3D 打印比较困难。美国的研究人员经过努力研发出一款 picsima 硅胶 3D 打印机，使用这款 3D 打印机可以使用成本较低的硅胶材料打印出较软的零部件，其打印出来的成品硬度可以低至邵氏硬度 10 A，这意味着其打印出来的成品可以达到超柔软的水平，反复拉伸也不至于断裂。图 3.3 所示的是外耳支架设计流程图，由于人耳内部结构复杂，无法直接通过 CAD 软件建模得到，故通过逆向工程进行外耳模型重建是目前唯一可行的方案。CT 扫描能够精确还原人体不同组织的内外部结构，精度较高，故拟使用 CT 扫描得到外耳模型的原始数据。

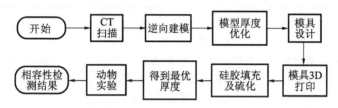

图 3.3　外耳支架设计流程图

　　通过医学建模软件，可以对 CT 文件进行三维重建，得到外耳模型。由于制作的外耳支架需要植入患者皮下，其支架外表面还要包裹皮瓣，故支架尺寸应小于正常人体外耳的原始尺寸，使得皮瓣包裹后形成的人体外耳与正常人体外耳尺寸大小一致。通过对原始人体外耳模型进行等距减薄处理，实验得到了最优厚度。

　　医用硅胶是目前生物惰性最强的人造生物材料，其制作工艺简单，可塑性强，比较适合人体外耳支架的制作。一般的假体制造工艺根据所需假体的形状制作金属模具，然后将炼好的医用硅胶（基胶＋催化剂）压入模具，在平板硫化机上高温高压硫化成型。由于人体外耳支架的模具结构复杂，传统方法难以制造，故使用 3D 打印的方法制作支架的聚乳酸材料模具，并使用合适的压力与温度使该支架硫化成型。图 3.4 所示是利用 PLA 材料打印的外耳支架模具和硅胶套包裹外耳支架。

　　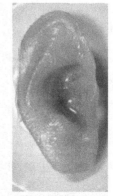

(a) PLA外耳支架模具　　　　　　(b) 硅胶套包裹外耳支架

图 3.4　3D 打印完成的外耳支架模具

有机硅材料手感柔软,弹性好,外观透明,且强度较天然乳胶高,稳定性比较好,能反复进行消毒处理而不老化,可以满足各种形状的设计,与人体接触舒适,具有良好的透气性且生物相容性好,使人体不受感染,保持干净清洁。这些优点使得有机硅胶在医疗领域中可以广泛使用,可以制作医用硅胶输送头、医用硅胶面罩、医用喉罩等。现阶段在 3D 打印中使用硅胶材料还处在初级状态,设想如果使用 3D 打印机能够打印出医用硅胶用品,必将成为一件造福人类社会的事情。

生物医用高分子材料见表 3.2 所示。

表 3.2　生物医用高分子材料

医用高分子材料分类			来源和特点	应　用
生物可降解高分子材料	天然材料	纤维蛋白原和纤维蛋白	纤维蛋白原是一种人体血浆糖蛋白,在凝血酶的作用下,纤维蛋白原生成纤维蛋白,并进一步合成血块	纤维蛋白原具有止血和使血小板凝聚的功能
		胶原蛋白	动物骨、腱、软骨、皮肤和其他结缔组织。具有良好的生物学特性,迄今已发现 19 种胶原蛋白,其中以Ⅰ型胶原最多	可作为组织支撑物,对细胞、组织乃至器官使正常功能及外伤修复等具有重大影响,Ⅰ型胶原可用于止血剂、眼罩和植入剂
		白蛋白	血浆蛋白的主要成分,具有良好的血液相容性	用于改善材料的血液相容性、静脉注射类药物释放体系的载体
		明胶	由胶原部分水解得到的一类蛋白质,具有水溶性	广泛应用于药物的微胶囊化及包衣、制备生物可降解水凝胶,明胶海绵也可在手术时用于止血
		生物合成聚酯	来自生物技术的热塑性医用可生物降解聚酯,主要是聚羟基烷酸酯,具有良好的组织相容性和物理机械性能	可应用于损伤组织的修补以及药物控释
		多糖	在自然界广泛存在,如海藻酸盐、阿拉伯糖、改性纤维素、淀粉、各种葡萄糖、藻朊酸、透明质酸、肝素和壳聚糖等	海藻酸盐可用于细胞固定;阿拉伯糖可用于细胞分离、化妆品和药物制剂;壳聚糖可用于缝线和创伤覆盖材料;透明质酸可用于局部注射和植入给药系统;淀粉也可用于药物控释系统;肝素可用来改善材料血液相容性

续表

医用高分子材料分类		来源和特点	应　用
生物可降解高分子材料	合成材料　脂肪聚酯	应用最广泛的有聚羟基乙酸(PGA)、聚乳酸(PLA)、聚ε-己内酯(PCL)及其共聚物,具有良好的生物相容性和降解性	应用于药物控释系统;用于医用缝合线以及骨钉等外科矫形器件
	聚原酸酯	聚原酸酯有Ⅰ、Ⅱ、Ⅲ、Ⅳ四类	聚原酸酯Ⅱ可应用于胰岛素自调试给药、短期给药和长期给药系统,聚原酸酯Ⅲ也可用于药物载体

高分子材料的主要缺点是耐腐蚀、抗老化性能比较差,且制备高纯度的聚合物比较困难,植入人体的材料常有单体释放和其他降解产物生成,有可能会导致有毒物质产生,甚至致癌。

3.2.3　3D打印生物医用材料的应用

生物材料支架可将细胞固定于一定位置,为其生长、繁殖、新陈代谢及细胞外基质分泌等生理活动提供场所。它是由可降解吸收的生物材料制成,引导再生组织形成基本形状的3D结构。

3D打印支架的过程为:首先,进行预组装结构的3D建模,此模型可以通过软件设计或借助扫描数据进行模型重建;其次,选择和制备合适的生物相容性材料,并根据需要,与相应的细胞混匀制成细胞/基质材料,然后根据材料特性及3D结构特点,选择合适的成型参数打印支架;最后,将打印完成的支架进行后期固化处理,并放置培养箱培养,以促进3D结构中细胞的黏附、生长、增殖。

3D打印生物支架的办法有:可采用SLS技术制备可降解多孔支架,支架能与动物的骨组织结合良好,力学性能与人的松质骨接近;可采用电子喷射技术制备3D支架,并对材料表面进行功能化处理使之具有更好的亲水性,有利于软骨细胞附着,能促进软骨再生;可以PCL为原料,利用FDM技术制备骨-软骨复合支架,并将成骨细胞与软骨细胞分别种植于支架的不同部分,在支架中,上述两种细胞分泌了不同的细胞外基质;还可以使用PCL为原料,通过FDM技术制备3D组织工程支架,把人类的间充质干细胞接种在支架上,细胞可以正常地黏附、增殖和分化。

PLA和PGA易加工,可按多种比例制备PLA—PGA共聚物(PLGA),广泛用于软骨组织工程研究。图3.5是一个3D打印手形支架,在上面生长着人类细胞。

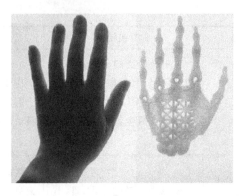

图 3.5　3D 打印手形支架(图片来源:maker8.com)

目前,通过利用光固化立体印刷技术制备的多孔支架具有与人松质骨相似的力学性质,且支架能促进成纤维细胞的黏附与分化。此外,通过将 PPF 支架移植到兔皮下或颅骨缺损部位的实验,结果表明,PPF 支架会在动物体内引起温和的软组织和硬组织响应,如移植 2 周后会出现炎性细胞、血管生成和结缔组织形成,第 8 周后炎性细胞密度降低并形成更规则的结缔组织。与传统组织工程支架相比,3D 打印组织工程支架可以随意设计形状、尺寸、孔的结构和孔隙率等,研究者可以根据不同组织的修复要求来选择需要打印出的支架结构。

研究结果表明,在制备支架模型的过程中,三维打印技术可以随意制造任意空洞和孔隙率的 PLA 组织工程支架,研究者可以轻易得到所需的模型,之后对各种模型进行一系列细胞生物学特性的表征发现,支架的空洞以及孔隙率对细胞的黏附生长有很大的影响,分析对比各项结果后得出了最适合作为组织工程支架的模型。同时也证明了通过 3D 打印技术制备的 PLA 支架有望在骨组织工程中得到广泛应用。医用高分子打印材料具有非常优异的加工性能,可适用于多种打印模式,其中应用最多的是熔融沉积打印和紫外光固化打印两种模式。熔融沉积打印所使用的是热塑性的高分子材料,目前最受研究者青睐的是可降解的脂肪族聚酯类材料,如 PLA、PCL。原材料只需要拉成丝状即可打印,打印材料的制备过程简单,一般不需要添加打印助剂。紫外光固化打印所用的是液体光敏树脂,液态树脂中包含聚合物单体、预聚体、光(敏化)固化剂、稀释剂等,液态树脂的成分以及光固化度都会影响打印产品的性能,尤其是医疗产品的生物相容性和生物活性。

3.3　生物医用复合材料

通过长期的临床应用可得出,传统应用的金属、高分子材料是不具备生物活性的,并且与器官、组织的结合不牢固,由于生理环境的影响,在上述材料植入体内后,会导致金属离子或者单体的游离对生命体造成不良影响。同时,虽然陶瓷材料具有相对稳定的化学性能和较好的生物相容性,并且拥有优良的耐压性能、耐摩擦性能和耐生物腐蚀性能,但是这类材料的弯曲强度较低、弹性模量大、耐疲劳性能差,在生理环境中易受破坏,只适用于不承力的结构环境中。因此,单一材料不能很好地满足临床应用的要求。

生物医用复合材料(biomaterial composite materials)是采用多种不同特性的材料,通过相应的工艺方法复合而成,可用于对生命体进行诊断医疗、修复或替换生命体病变的器官组织以及改善器官组织功能的高新材料。它是研究人工器官和医疗设备的基础,已成为复合材料专业的重要分支。生物医用复合材料通过相应的工艺可制作出与生物组织的结构和性质都类似的替代材料,且其工艺设计性多样化。随着生物技术的蓬勃发展和重大突破,生物医用复合材料已开始成为各国研究的热点。人和动物体中绝大多数组织均可视为复合材料。例如人工骨,其头部经常是陶瓷的,其杆部为钴合金,结合的臼窝则为高密度聚乙烯。

3.3.1　生物医用复合材料的选择要求

由于人体复杂的生理环境,植入体内的医用材料将会受到长期的物理、化学等生物因素的影响以及各生物组织或器官间普遍存在着很多的动态的相互作用,所以生物医用材料需要满足以下要求:

①具有优良的组织和物理相容性;

②具有优良的化学稳定性,即医用材料的结构或性质不因生物环境的作用而发生变化,同时医用材料不能引起生物体的排斥反应;

③具有优良的力学性能,即医用材料要有足够的力学强度和柔韧性,能够承受生物的机械作用力,选用的医用材料要与生物组织的拉伸强度、弯曲强度和弹性模量、硬度以及耐磨性能相一致;

④具有优良的防菌性能、工艺成型性能,不会因加工困难而使其应用受到限制。

3.3.2　生物医用复合材料的分类

根据基体材料的不同,可将生物医用复合材料大致分为金属基、陶瓷基和高分子基复合材料三类。通过相应的工艺成型方法将各类材料制作成不同医学应用领域的生物复合材料。

1.金属基生物医用复合材料

金属基生物医用复合材料,例如不锈钢、钛合金等,与传统医学材料相比,金属基生物医用复合材料的力学强度高、柔韧性优良、耐疲劳性能好、成型工艺优异,但单一的金属材料在生理环境的应用中面临着腐蚀的重要问题,金属离子若向生物组织扩散将会引起毒副作用,而自身性质的退化易导致植入失效。因此一种既不易腐蚀又有很好的生物相容性的金属基生物医用复合材料是科研人员所要研发的新型材料。

金属医用材料，人们会想起金属钛及钛合金。金属钛医用材料由于其高的强度、韧度以及良好的工艺成型性能而被广泛用于人工骨、人工关节、齿根材料等。对钛进行表面改性获得的钛基涂层复合材料，既具有足够的强度和韧度，又具有良好的生物相容性，被认为是目前综合金属材料和其他材料各自优点的最有效途径之一。

目前已有科研团队采用溶胶-凝胶技术，通过在钛酸酯的醇溶液中加入少量水，使酯水解聚合成聚合胶体。在此溶液中浸提试样，干燥并经高温热处理，在钛和钛合金表面制备钛凝胶。如果在二氧化钛溶胶中加入钙盐和磷酸酯，可制得含钙和磷的复合涂层。选用不同的 Ca/P/Ti 配比，多次浸提，涂层各成分则呈梯度分布。涂层与基体间是磷酸钙与钛凝胶的中介层，钙磷的浓度由外到里逐渐减少，而钛的含量正好相反。在植入人体以后表现出良好的生物相容性及一定的表面强度。

2. 陶瓷基生物医用复合材料

以陶瓷、玻璃作为基体材料的陶瓷基复合材料是一种具有广阔应用前景的医用材料，它是通过将晶片、晶须、颗粒、纤维等不同的增强材料引入陶瓷中而获得的一类复合材料。有文献数据显示人体骨骼中钙、磷的总含量达到了 58%，因此许多科研人员就将钙磷陶瓷作为一种骨骼移植材料来开发。早期使用的陶瓷材料在植入生命体内后不能与骨组织形成键，例如氧化铝陶瓷，到 20 世纪 70 年代就出现了一些具有生物亲和性的活性陶瓷。随着临床应用，生物活性陶瓷作为一种骨骼修复材料逐渐开始应用。由于生物陶瓷材料本身具有弯曲强度较低、弹性性能较差的特点，因而单靠陶瓷材料不能满足目前医学水平的发展，但将生物活性陶瓷与其他材料进行复合后，就生成了一种同时具备各组分本身性能又增加新性能的陶瓷基生物医用复合材料。

3. 高分子基生物医用复合材料

高分子基生物医用复合材料，部分可来自天然产物，也可人工合成，按其性质可分为生物降解型和非降解型。生物降解型高分子基生物医用复合材料主要用于送达载体和药物释放及非永久性植入装置等，可以在生物体环境作用下发生性能蜕变和结构破坏，并要求其降解产物可被机体吸收或者进行正常的新陈代谢排出体外，包含胶原、纤维素、线性脂肪族聚酯、聚氨基酸及聚乙烯醇等。非降解型高分子基生物医用复合材料主要用于对人体软、硬组织修复体、人造血管、接触镜、人工器官、黏结剂及管腔制品等的制造，且要求在生物体环境中能长期保持稳定，不发生降解、交联及物理磨损等，力学性能良好。虽然绝对稳定的聚合物不存在，但还是要求材料本身和降解产物不能对机体产生明显的毒副作用，同时不至于发生灾难性破坏，包括聚丙烯、聚乙烯、芳香酸酯、聚甲醛、聚丙烯酸酯、聚硅氧烷等。按使用用途分类,高分子基生物医用复合材料可分为软组织、心血管系统医用修复材料。其中用于心血管系统的医用修复材料应着重要求修复材料的抗凝血性好,不破坏血小板和不干扰电解质,不改变血液中的蛋白、不破坏红细胞等。

高分子基生物医用复合材料在体内一般不产生异体排斥反应,但是利用单一的高分子作为医用支撑材料,其本身不足的力学性能则成为其发展的软肋。利用高分子材料作为基体相,金属、陶瓷、纤维等作为增强相的高分子基生物医用复合材料已成为全球医用材料新的发展趋势。

研究认为,聚乳酸(PLA)是最多的常被用作骨科的材料。属于生物降解可吸收材料,具有很好的生物相容性。目前国内科研团队制备出了一种新型 PDL—LA/HA/DBM 复合材料。测试得到该材料孔径为 $100 \sim 400\ \mu m$,孔隙率为71.3%,初始抗压强度为 1.71 MPa。将其制成人工骨植入兔桡骨大段,发现该种复合材料在降解前期能保持良好的空间结构和力学性能,并具有很好的骨传导作用,能有效修复骨缺损。

3.3.3　生物医用复合材料的应用

生物医用复合材料具有优异的性能优势。是单一组分或结构的医用材料所无法比拟的。将不同性能的组分通过合适的工艺方法进行复合制备,就会得到生物体所要求的一些新型材料。生物医用复合材料用于人工器官、修复、理疗康复、诊断、检查、治疗疾病等医疗保健领域,并具有良好生物相容性。如图 3.6 所示为打印的假肢。

图 3.6　打印的假肢

3D 打印技术可以将多种材料复合打印,各组分之间取长补短,相辅相成,在组织工程领域具有得天独厚的优势。与单一组分或结构的生物材料相比,复合生物材料的性能具有可调性。由于单一生物材料用 3D 打印制成产品会存在一定的不足,将两种或者两种以上的生物材料有机复合在一起,复合材料的各组分既保持性能的相对独立,又互相取长补短,优化配置,大大改善了单一材料应用中存在的不足;但是对于理化性质差异较大的两种材料,如何利用打印的方法将它们很好地融合在一起,发挥它们组合的最大优势也是目前研究的热点之一。

3.4 细胞参与的生物医用 3D 打印材料

作为前期研究,科学家们已经尝试用很多 3D 打印支架与细胞共同培养,证明了细胞能够在多种 3D 打印支架上存活,并且比普通二维培养的效果要好。3D 打印的 PCL 支架已经被证明能与多种细胞共同培养,这为将细胞与材料混成"生物墨水",共同打印出生物组织奠定了良好的基础。但是这仅仅是细胞与材料的二维作用,并没有直接将细胞置于打印系统中,只能称作是非直接细胞参与的生物 3D 打印。细胞直接参与的生物 3D 打印是一门多学科交叉的综合超级学科,需要利用生物学、医学、材料学、计算机科学、分子生物学、生物化学等多个学科的原理与技术,其中,打印材料的选择是亟待突破的难点之一。

下面介绍常用的 3D 打印生物材料。

3.4.1 干细胞材料

干细胞即为起源细胞,是一种未充分分化且不成熟的,具有再生各种组织器官和人体的潜在功能细胞,在医学界被称为"万用细胞"。同时,干细胞也是一类具有自我复制能力的多潜能细胞。在一定条件下,它可以分化成多种功能细胞。根据干细胞所处的发育阶段分为胚胎干细胞和成体干细胞。根据干细胞的发育潜能分为四类:全能干细胞、亚全能干细胞、多能干细胞和单能干细胞。全能干细胞,具有形成完整个体的分化潜能,如受精卵。亚全能干细胞,为人类体内存在为数不多的三胚层分化潜能干细胞。多能干细胞,具有分化出多种细胞组织的潜能。如胚胎干细胞(ES)。单能干细胞,只能向一种或两种密切相关的细胞类型分化,如神经干细胞、造血干细胞。

简单来讲,干细胞是一类具有多向分化潜能和自我复制能力的原始的未分化细胞,是形成哺乳类动物的各组织器官的原始细胞。干细胞在形态上具有共性,通常呈圆形或椭圆形,细胞体积小,核相对较大,细胞核多为常染色质,并具有较高的端粒酶活性。干细胞可分为胚胎干细胞和成体干细胞。

干细胞是自我复制还是分化功能细胞,主要由细胞本身的状态和微环境因素所决定。细胞本身的状态包括调节细胞周期的各种周期素和周期素依赖激酶、基因转录因子、影响细胞不对称分裂的细胞质因子。微环境因素包括干细胞与周围细胞,干细胞与外基质以及干细胞与各种可溶性因子的相互作用。

干细胞的用途非常广泛,涉及医学的多个领域。科学家已经能够在体外鉴别、分离、纯化、扩增和培养人体胚胎干细胞,并以这样的干细胞为"种子",培育出一些人的组织器官。干细胞及其衍生组织器官的广泛临床应用,将产生一种全新的医疗技术,也就是再造人体正常的甚至年轻的组织器官,从而使人能够用上自己的或他人的干细胞或由干细胞所衍生出的新的组织器官,来替换自身病变的或衰老的组织器官。假如某位老年人能够使用上自己或他人婴幼儿时期或者青年时期保存起来的干细胞及其衍生组织器官,那么,这位老年人的寿命就可以得到明显的延长。美国《科学》杂志于 1999 年将干细胞研究列为世界十大科学成就的第一名,排在人类基因组测序和克隆技术之前。

2008 年,新加坡国立大学医院和中央医院通过脐带血干细胞移植手术,根治了一名因家族遗传而患上严重地中海贫血症的男童,这是世界上第一例移植非亲属的脐带血干细胞而使患者痊愈的手术。医生们认为,脐带血干细胞移植手术并不复杂,就像给患者输血一样。由于脐带血自身固有的特性,使得用脐带血干细胞进行移植比用骨髓进行移植更加有效。利用造血干细胞移植技术已经逐渐成为治疗白血病、各种恶性肿瘤放化疗后引起的造血系统和免疫系统功能障碍等疾病的一种重要手段。科学家预言,用神经干细胞替代已被破坏的神经细胞,有望使因脊髓损伤而瘫痪的病人重新站立起来;不久的将来,失明、帕金森氏综合征、艾滋病、老年性痴呆、心肌梗死和糖尿病等绝大多数疾病的患者,都可望借助干细胞移植手术获得康复。

美国研究人员采用基于瓣膜的细胞打印过程,使用人体胚胎干细胞,按特定的模式打印细胞,每个滴液中能够提供低至 2 纳升或小于 5 个细胞,成功应用 3D 打印技术获得了人造肝脏组织。研究人员表示,在打印 24 小时后,95% 以上的细胞仍然存活,说明打印过程中未杀死细胞;打印 3 天后,依然有超过 89% 的细胞存活,而且存活的干细胞仍然能维持其多能性,具有分化出多种细胞组织的能力。如图 3.7 所示的为利用生物材料打印的人体器官。

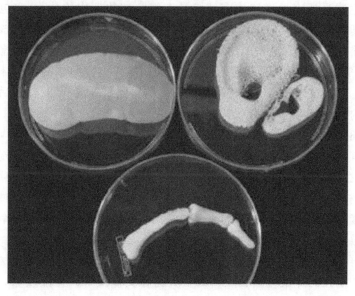

图 3.7　生物材料打印的人体器官

3.4.2　生物细胞材料

生物细胞是指构成生命体的基本单元。生物细胞分两类：原核生物的原核细胞和真核生物的真核细胞。原核生物是指没有形成的细胞核或线粒体的一类单细胞生物。原核生物拥有细胞的基本构造并含有细胞质，细胞壁，细胞膜以及鞭毛的细胞。原核生物极小而用肉眼看不到，需在显微镜下观察，包括蓝细菌、细菌、放线菌、螺旋体、支原体。原核生物的生态分布极其广泛，生理性能也极其庞杂。有的种类能在饱和的盐溶液中生活；有的却能在蒸馏水中生存；有的能在0 ℃以下繁殖；有的却以 70 ℃为最适宜温度；有的是完全的无机化能营养菌，以二氧化碳为唯一碳源；有的却只能在活细胞内生存；在进行光合作用的原核生物中，有的放氧，有的不放氧；有的能在 pH 10 以上的强碱环境中生存，有的能在 pH 值为1 左右的强酸环境中生活；有的能在充足供应氧气的环境中生存，而另外一些细菌却对氧的毒害作用极其敏感。

原核生物的主要特点有：①核质与细胞质之间无核膜因而无成形的细胞核；②遗传物质是一条不与组蛋白结合的环状双螺旋脱氧核糖核酸（DNA）丝，不构成染色体；③以简单二分裂方式繁殖，无丝分裂或减数分裂；④没有性行为，有的种类通过结合、转化或转导，将部分基因组从一个细胞传递到另一个细胞的准性行为；⑤没有微纤维系统，故细胞质不能流动；⑥鞭毛仅由几条螺旋或平行的蛋白质丝构成；⑦细胞质内仅有核糖体而没有线粒体、高尔基体、内质网、溶酶体、液泡和质体、中心粒等细胞器；总之原核生物的细胞结构要比真核生物的细胞结构简单得多。

真核生物是所有单细胞或多细胞具有细胞核的生物的总称，它包括所有动物、植物、真菌和其他具有细胞膜包裹着的复杂亚细胞结构的生物，真核生物与原核生物的根本性区别是前者的细胞内含有成形的细胞核，因此以真核来命名这一类细胞，许多真核细胞中还有其他细胞器，如线粒体、叶绿体、高尔基体等。原核细胞功能上与线粒体相当的结构是质膜和由质膜内褶形成的结构，但后者既没有自己特有的基因组，也没有自己特有的合成系统。

生物细胞来源于生物体，因此在生物体内的生物兼容性十分优异，在器官克隆方面有着其他材料无法代替的优势，生物细胞打印的生物器官可直接应用于生物体，因此在医学领域应用十分广泛。但由于生物细胞培养环境比较严苛，作为实际打印材料方面仍存在一定难度，还需要进一步处理，以适应打印过程中的一些环境因素的影响，细胞的体外鉴别、分离、纯化、扩增、分化和培养每个方面对最终的打印效果均有一定影响。

现在将生物细胞用来 3D 打印，将高分子材料、无机材料、水凝胶材料和活细胞组合打印出人的耳朵模型、鼻子模型、大腿骨头模型等。再经过努力，生物 3D 打印技术也许可以打印出人的肝脏、肾脏，并能移植入人体内，这些都会实现。

　　水凝胶是由高聚物的三维交联网络结构和介质共同组成的多元体系,作为新型的生物医用材料引起了研究者们的广泛关注。医用水凝胶具有良好的生物相容性,其性质组成与细胞外基质相类似,表面黏附蛋白质和细胞的能力弱,基本不影响细胞的正常代谢过程。水凝胶的存在可以进行细胞的保护、细胞间的黏合扩展及器官的构型。因此,水凝胶成为包裹细胞的首选。医用水凝胶、生物交联剂(法)、活细胞共同组成生物3D打印所需的"生物墨水"。美国康奈尔大学的研究人员采用3D生物打印技术,利用Ⅰ型胶原蛋白水凝胶与牛耳活细胞组成的"生物墨水",成功打印出了人体耳廓。无论是功能还是外表,这个耳廓均与正常人的耳廓十分相似。在后续培养过程中,胶原蛋白水凝胶与细胞相互作用良好,且在培养过程中慢慢降解并被细胞自身合成的细胞外基质所替代。接下来,他们将利用患者自身的耳朵细胞,打印人造耳廓并进行移植。图3.8所示为利用生物材料打印的心脏。

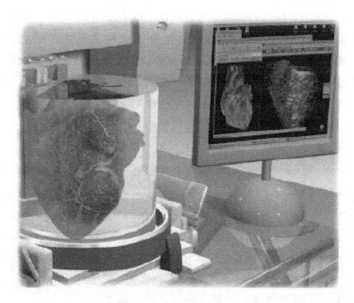

图 3.8　生物材料打印的心脏

　　医学界目前使用的人造耳廓主要分为两类:一类是由类软骨的人造材料制成,其缺点是质感与人耳差异较大;另一类是通过取出患者部分肋部软骨"雕刻"新的耳廓,这种方法不仅会给患者造成不小的肉体伤害,而且其美观及实用程度也严重受制于医生的"雕刻技术"。3D生物打印技术制成的人造耳廓,则没有上述缺点。器官3D打印是科学家们一直追求的梦想之一,目前器官打印已经被作为概念股炒作上市,吸引了很多眼球,但3D打印技术还处于刚刚起步的阶段,还有很多问题需要解决,尤其是复杂器官的3D打印存在更为巨大的挑战,材料与调节细胞有序地组合、器官内部血管构建、神经系统构建的生长因子的相容是器官打印最难解决的困难。通过 3D 打印设备将生物相容性细胞、支架材料、生长因子、信号分子等在计算机指令下层层打印,形成有生理功能的活体器官,达到修复或替代的目的,在生物医学领域有着极其广泛的用途和前景。

近年来,3D 打印技术发展迅速,已在骨骼、血管、肝脏、乳房构建等方面取得了一些成绩,但离复杂器官的功能实现还有很长一段距离。目前我国的生物细胞3D 打印技术已经处于国际领先水平,已成功研制出可以同时打印多种细胞及复合基质的 3D 生物打印机,细胞成活率为 92%。打印输出的脂肪干细胞和眼角膜基质细胞可以连续培养 9 天,成功传代 3 次。这是我国 3D 打印技术发展史上的一次质的飞跃,使中国 3D 打印产业在自主研发的道路上又迈进了一大步。

3.5　生物医用陶瓷材料

生物陶瓷(biomedical ceramics)指与生物体或生物化学有关的新型陶瓷,是具有特殊生理行为的一类陶瓷材料,可用来构成人类骨骼和牙齿的某些部分,甚至可部分或整体地修复或替换人体的某些组织、器官或增进其功能。所谓生物陶瓷的特殊生理行为是指它必须满足下述生物学要求。

(1)它是与生物机体相容的,对生物机体组织无毒、无刺激、无过敏反应、无致畸、致突变和致癌等作用;

(2)它具有一定的力学要求,不仅具有足够的强度,而且其弹性形变应当和被替换的组织相匹配;

(3)它能与人体其他组织相互结合。

根据生理环境中所发生的生物化学反应,生物陶瓷可分为三种类型。

(1)接近于生物惰性的陶瓷,如氧化铝、氧化锆及氧化钛陶瓷等;其结构稳定性较好,分子中的化学键较强,强度和硬度都较高,耐磨性好,化学稳定性和耐蚀性都较为优良。可用于制备人工关节和其他植入材料。

(2)生物活性陶瓷,包括表面生物活性陶瓷和生物吸收性陶瓷;

(3)生物降解陶瓷,在体内溶解度较大,溶解产物进入体液,随血液的循环参与机体的新陈代谢,在种植体部位重新生产出新的组织,如熟石膏、磷酸三钙等。

不同类型的生物陶瓷,其物理、化学、生物性能的差距较大,在医学领域,有着不同的用途。在临床应用中,生物陶瓷主要存在的问题是强度和韧度较低。氧化铝、氧化锆陶瓷的耐压、耐磨和化学稳定性比金属、有机材料都要好,但是也存在脆性大的问题。目前可用于打印人体膝关节、髋关节等部位。生物活性陶瓷的强度则很难满足人体受力较大的部位要求。表 3.3 所示为生物陶瓷骨替换材料的组织附着类型。

表3.3　生物陶瓷骨替换材料的组织附着类型

生物陶瓷类型	组织附着类型和特点	举　例
生物惰性陶瓷	形态结合；耐腐蚀、耐磨损、不降解，种植体与生物体形成一定厚度的纤维组织	氧化铝、氧化锆、氧化钛、氧化硅
生物活性陶瓷	生物活性结合；在体内有一定的溶解，部分参与体内的新陈代谢，对骨细胞生长有一定的引导诱发作用，能促进缺损骨组织的修复	生物活性剥离、羟基磷灰石陶瓷
生物降解陶瓷	组织替换；在体内的溶解度较大，溶解产物进入体液后，随血液循环参与机体的新陈代谢，被机体组织吸收利用，在种植体的部位重新生长出新的骨组织	熟石膏、磷酸三钙等

思　考　题

1.生物材料必须具备几个条件？分别是什么？

2.生物医用金属材料有哪些？

3.生物医用高分子材料有哪些？生物医用高分子材料的缺点是什么？

4.简述硅胶材料的优点。

5.生物医用复合材料是什么？

6.生物医用陶瓷材料有哪些类型？

7.生物细胞材料的特点是什么？

知识模块 4　3D 打印新型材料

4.1　食用材料

3D 打印食品材料是指烹饪食物所需要的一切东西,食品材料包括很多:巧克力、面糊、奶酪、糖、水、酒精等。

大家普遍认为,使用 3D 打印技术制作的食物方法非常简单,但是它们也非常担忧 3D 打印机所用材料的安全性问题。其实利用 3D 打印技术打印食物的打印机与使用 FDM 技术的 3D 打印机一样,也是通过逐层叠加完成打印任务的,不同的是,喷头喷的不是 PLA 或 ABS 等材料,而是可以食用的原料,所以使用的材料必须是绝对安全的。

专家对制作食物的 3D 打印未来的设想是从藻类、昆虫中提取人类所需的蛋白质等材料,制造更多更健康的食物。如图 4.1 所示的打印机正在打印巧克力。

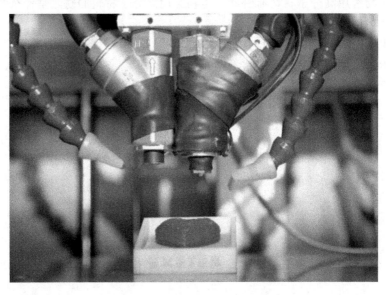

图 4.1　打印机正在打印巧克力

传统的烹饪工艺需要我们将原材料经过多道工序加工,费时费力,其复杂程度让很多人止步于厨房之外。使用 3D 食物打印机制作食物可以大幅度减少从原材料到成品的环节,从而避免食物加工、运输、包装等环节的不利影响。除此之外,还可以借助食物打印机发挥创造力,研制新菜品,满足挑剔食客口味的需求,而且液化的原材料很好保存,可以高效利用厨房空间。更好的是,我们可以使用3D模型工具设计自己喜欢的糕点的模具形状,然后再用3D打印机打印出来,这样我们就可以随时创造我们自己喜欢糕点的样式,如果将来3D打印技术制作食物的方法得到普及,那么我们就可以很轻松地在家制作各种美味的食物,还可以根据自己的口味调整各种原料的配比,但前提是要有实物设计模型。如图4.2所示为打印成型的巧克力和肉类。

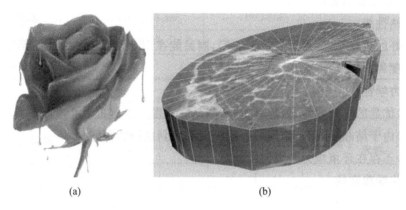

(a)　　　　　　　　　　(b)

图4.2　打印成型的巧克力和肉类

4.2　聚丙烯材料

聚丙烯(PP)是由丙烯聚合而制得的一种热塑性树脂,按甲基排列的位置分为等规聚丙烯、无规聚丙烯和间规聚丙烯三种。甲基排列在分子主链的同一侧,称为等规聚丙烯;若甲基无秩序地排列在分子主链的两侧,称为无规聚丙烯;当甲基交替排列在分子主链的两侧,称为间规聚丙烯。

一般工业生产的聚丙烯树脂中,等规结构含量约为95%,其余为无规或间规聚丙烯。工业产品以等规物为主要成分,聚丙烯也包括丙烯与少量乙烯的共聚物。它通常为半透明无色固体、无臭无毒、结构规整、高度结晶化,故熔点很高,同样其收缩率也相当高,而且不存在环境应力开裂的问题。

聚丙烯的维卡软化温度为150 ℃,聚丙烯耐热、耐腐蚀,制品可用于蒸汽消毒是其突出的优点,缺点是耐低温冲击性能差,较易老化,但可分别通过改变其性能去克服。聚丙烯的力学性能绝对值高于聚乙烯,但在塑料材料中的比例偏低,其拉伸强度可达到30 MPa或者稍高的水平,等规指数较大的聚丙烯具有较高的拉伸强度。

4.3 碳纳米材料

碳是自然界分布最为广泛的元素,地球上所有的生命都是以碳原子为基础的实体,目前塑料、橡胶和纤维三大合成材料都是以碳为主要构成元素,而这些合成材料为人类创造了一个丰富多彩的世界。碳材料是指选用石墨、无定形碳或者含碳的化合物作为主要原料,经过特定的生产工艺过程得到的无机非金属材料。碳材料在某种意义上来说是一种高级的耐火材料,它在 3000 ℃以上也不会熔化,在常压下没有熔点,只会在 3500 ℃以上才升华,作为耐火材料是其他材料无法媲美的,但是它的缺陷在于易氧化。碳材料作为无机非金属材料的一个分支,在材料学中占有一定的地位。碳材料现在广泛应用于冶金、化工、机械、汽车、医疗、环保、建筑等领域,特别是在航空航天和核工业中,更是不可缺少的材料。

碳材料的各种综合性能十分优良,它既有金属和非金属材料的性能,又能起到单一金属、非金属材料起不到的作用。它的特性如下。

(1)良好的导电导热性。碳材料可以认为是非金属和金属的中间物——半金属,导电、导热性能好,同时热膨胀系数小,故可作为金属也可作为非金属使用。

(2)良好的润滑性。石墨在 C 轴方向的层间原子间的结合力很弱,稍受力就能发生层间移动,因此常作为抗磨材料使用。需要注意的是,石墨在有水分的条件下才有此功能。

(3)较高的抗热震性。碳材料熔点高,热膨胀系数小,热导率高,温度梯度小,同时强度随温度的增加而增强。

(4)良好的核物理性能。碳材料可以作为核反应堆的原材料。

(5)良好的化学稳定性。碳材料有显著的化学惰性,可作为耐腐蚀材料。

碳材料有以上这些显著的特点,具体在应用中,人们也将碳材料进行分类,按照碳材料的发展时间顺序,将碳材料分为以下三类。

(1)传统的碳材料:主要有木炭、竹炭、活性炭、炭黑、焦炭、天然石墨。常用来制作石墨电极、碳刷、碳棒、铅笔等。

(2)新型碳材料:主要有金刚石、碳纤维、石墨层间化合物、柔性石墨、核石墨、多孔碳、玻璃碳。

(3)碳纳米材料:主要有富勒烯、碳纳米管、碳纳米纤维等。

碳纳米材料是指其结构至少在一个维度上处于纳米尺度(0.1~100 μm)的固体超细碳材料。

20 世纪 50 年代以来,无机碳材料进入了一个迅速发展的新时期,许多原子簇化合物不断被合成出来,原子簇化学和纳米科技的发展,使纳米材料的研究成为一个新兴研究的领域。近年来,碳纳米材料的研究相当活跃,针状、棒状、筒状等多种多样的纳米碳结晶层出不穷。2000 年,德国和美国科学家制备出了由 20 个碳原子组成的空心笼状分子。根据理论推算,包含 20 个碳原子的空心笼状分子是由正五边形构成的。C_{20} 分子是富勒烯式分子中最小的一种,以往考虑到原子间结合的角度、力度等问题,人们一直认为这类分子很不稳定,难以存在。C_{20} 笼状分子的成功制备,为材料学领域解决了这一重要的研究课题。碳纳米材料中的碳纳米管、碳纳米纤维等新型碳材料具有很多好的物理及化学性能,被广泛应用于诸多领域。

4.3.1　富勒烯

富勒烯是碳的第四种同素异形体(前三种是金刚石、石墨和无定形碳)。1985 年,Kroto 等在用质谱仪研究激光蒸发石墨电极时发现了 C_{60}。他受建筑学家理查德·巴克明斯特·富勒设计的万国博览会美国馆的球形圆顶薄壳建筑的启发,认为 C_{60} 可能具有类似球体的结构,因此将其命名为巴克明斯特·富勒烯,简称富勒烯。1990 年,Kratschmer 等用石墨作为电极,通过直流电弧放电,在石墨蒸发后得到凝缩的、类似炭黑的烟炱,这种烟炱用苯溶解后得到 C_{60}。

富勒烯是一系列纯碳组成的原子簇的总称,它们是由非平面的五元环、六元环等构成的封闭式空心球形或椭球形结构的共轭烯。广义的富勒烯的形状除了球形之外,也有管状等其他形状。广义的富勒烯包括:巴基球(C_{50}、C_{60}、C_{70}、C_{80}、C_{82}、C_{84}、C_{90}、C_{94} 等)、巴基管(单壁和多壁碳纳米管)和巴基葱。而狭义的富勒烯仅指球形或椭球形的笼状碳分子。现已分离得到其中的几种,如 C_{60} 和 C_{70} 等。

C_{60} 的分子为球形,它是由 60 个碳原子以 20 个六元环和 12 个五元环连接而成的足球状空心对称分子,所以富勒烯也被称为足球烯。C_{60} 有润滑性,将成为超级润滑剂。金属掺杂的 C_{60} 有超导性,是最有发展前途的超导材料。同时,C_{60} 还可以与金属结合,也可以与非金属结合,成为新型材料。因此,C_{60} 有巨大的研究价值和使用意义,将来也能用于 3D 打印的行列。

4.3.2　碳纳米管

碳纳米管是由石墨烯片层卷成的无缝、中空的管体,一般可分为单壁、双壁和多壁碳纳米管。碳纳米管具有较大的弹性、低密度、良好的绝热性、高强度、能吸收红外线等优点,它可以与普通的纤维混纺来制成防弹、保暖、隐身的军用装备,用于加大金属、陶瓷和有机材料的强度。碳纳米管还具有导热、导电性能,能够用来制备自愈合材料。同时,碳纳米管对红外线和电磁波有隐身的作用,因为碳纳米管的尺寸远小于红外线及雷达波波长,故碳纳米管对这种波的透过率比常规材料强一些,也就大大减少了波的反射率;另外,碳纳米管的比表面积比常规材料大3~4 个数量级,对红外光和电磁波的吸收率也比常规材料大得多,当红外线和雷达波照射到涂有碳纳米管涂层的材料表面的时候,红外探测器及雷达得到的反射信号强度会大大降低，很难发现被探测的目标，而且发射到该表面的电磁波也将被吸收，不产生反射，因此能起到隐身的作用。

碳纳米管也是一种非常有潜力的储氢材料。若今后用氢气作为汽车的新能源，按照 5 人乘坐的小轿车行驶 500 km 计算，需要 3.1 kg 的氢气，按照正常的油箱体积计算，储氢的质量分数至少应达到 6.5%，然而目前的储氢材料都不能满足这一要求。碳纳米管的管道结构及多壁碳纳米管之间的类似石墨层空隙，使其成为最有潜力的储氢材料。国外学者证明，在一个大气压的室温条件下，单壁碳纳米管的储氢量为 5%～10%。即使只有 5% 的储氢量，碳纳米管依然是迄今为止最好的储氢材料。

锂离子电池正朝着高能量密度方向发展，目前已经成为电动自行车及电动汽车的动力能源，将来还会成为绿色可持续发展的工业应用的能源。因为要求锂离子电池具有较高的可逆容量。碳纳米管的层间距大于石墨的层间距，充放电容量大于石墨，而且碳纳米管的筒状结构在多次充电、放电循环后不会塌陷，循环性能较好。由于锂离子和碳纳米管有较强的相互作用，用碳纳米管作为负极材料做成的锂离子电池首次放电容量高达 1600 mAh·g^{-1}，可逆容量为 700 mAh·g^{-1}，远远大于石墨的理论可逆容量 372 mAh·g^{-1}。因此，将碳纳米管作为负极材料的应用前景巨大。

碳纳米管吸附某些气体之后，导电性发生明显改变，因此可将碳纳米管做成气敏元件，在碳纳米管内填充光敏、湿敏、压敏等材料，还可以制成纳米级的各种功能传感器。美国、中国和巴西的科学家发明了能称量 2×10^{-6} g 的单个病毒重量的"纳米秤"，通过振动频率可以测出黏结在悬臂梁一端的颗粒质量。

莫斯科大学的研究人员将少量碳纳米管置于 29 kPa 的水压下做实验。在压力加到预定压力的 1/3 时，碳纳米管就被压扁了，若将压力马上卸掉，碳纳米管就像弹簧一样立即恢复原来的形状。于是，科学家得到了启发，发明了用碳纳米管制成的像纸张一样薄的弹簧，可用作汽车、火车的减震装置，这样可以大大减轻车辆的重量。

目前运用碳纳米管打印的技术还不成熟且制作成本较高，目前尚在研究阶段。在 ABS 中加入 2.5% 的碳纳米管，形成一种全新的多壁碳纳米管线材，打印出的物品比传统的 ABS 树脂强度更高。

4.3.3 碳纳米纤维

碳纳米纤维分为丙烯腈碳纤维和沥青碳纤维两种。碳纳米纤维的质量轻于铝而强度高于钢，它的密度是铁的 1/4，强度是铁的 10 倍。除了有较高的强度外，其化学性能非常稳定，耐蚀性高，同时能够耐高温和低温、耐辐射、除臭。碳纳米纤维可以应用在各种不同的领域中，但由于制造成本高，目前大量用作航空器材、运动器械、建筑工程的结构材料。美国伊利诺伊大学发明了一种廉价的碳纳米纤维，它有很强的韧性，同时有很强的吸附能力，能过滤有毒的气体和有害生物，可用于制造防毒衣、面罩、手套和防护性服装等。如图 4.4 所示为碳纳米纤维的电子显微镜扫描图。

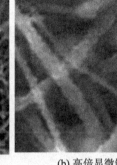

(a) 低倍显微镜显示图　　　　　(b) 高倍显微镜显示图

图 4.4　碳纳米纤维的电子显微镜扫描图

4.4　秸秆材料

　　秸秆是成熟农作物茎叶（穗）部分的总称。通常指小麦、水稻、玉米、薯类、油菜、棉花、甘蔗和其他农作物（通常为粗粮）在收获籽实后的剩余部分。农作物光合作用的产物有一半以上存在于秸秆中，秸秆富含氮、磷、钾、钙、镁和有机质等，是一种具有多用途的可再生的生物资源，秸秆也是一种粗饲料。特点是粗纤维含量高（30%～40%），并含有木质素等。

　　中国农民对秸秆的利用有悠久的历史，由于以前的农业生产水平低、产量低，秸秆数量少，秸秆除少量用于喂养牲畜，部分用于堆沤肥外，大部分都作为燃料烧掉了。随着农业生产的发展，中国自 20 世纪 80 年代以来，粮食产量大幅提高，秸秆数量也增多，加之省柴节煤技术的推广，烧煤和使用液化气的普及，使农村富余大量秸秆。同时科学技术的进步，农业机械化水平的提高，使秸秆的利用由原来的堆沤肥转变为秸秆直接还田。中国的广大科技工作者对秸秆还田进行了卓有成效的研究。

　　目前，秸秆进入了 3D 打印的行列。该项研究不仅增加了 3D 打印的品种，也增加了秸秆的利用率，减少秸秆燃烧对环境的污染。自 3D 打印技术兴起后，很长时间以来该打印技术一直停留在金属基材料、高分子材料及无机非金属材料等材质上，这些材料根据材质不同有其不同的应用范围，有优点也有其无法克服的缺点。以高分子材料来说，打印后不但误差大易变形，成本也很高。能不能研究出一种材料，物美价廉且不易变形呢？于是，第四类 3D 激光打印材料——生物质纤维复合材料就此诞生。新型 3D 激光打印材料根据主要材料的不同可分为木塑、竹塑、稻壳塑、秸秆塑和石塑共五种类型。原材料为工业或农林业剩余物,低碳环保,成本低廉。这种新型 3D 激光打印材料性能稳定易成型,成型件尺寸精度高,木塑制品摸起来还有木头的质感,经过后期处理,它还会像木头、陶瓷等一样坚硬。

我国国内目前已有公司开发出可以把农作物秸秆转化为 3D 打印材料的技术。首先把稻草切碎成为 1.5~2 mm 的碎片,然后把这些秸秆碎片与聚丙烯混合,添加硅烷偶联剂和亚乙基双硬脂酸酰胺作为添加剂,最后使用双螺杆挤出机将该混合物挤压成颗粒。转化后,颗粒的粒度均匀,非常稳定,可以进一步处理,处理后的秸秆颗粒如图 4.5 所示。

图 4.5 秸秆颗粒原材料

将这些颗粒加热到 160~180 ℃进行注射成型。使用特殊的长丝挤出机,把这些塑料颗粒做成 3D 打印机的长丝材料。使用稻草秸秆的长丝进行 3D 打印的成品具有天然的木材颜色,并且表面具有植物纤维的纹理。同时它也有很好的表面光洁度和强度。图 4.6 为 3D 打印秸秆材料。

图 4.6 3D 打印秸秆材料

用秸秆材料可以制造出木纹花瓶、木纹茶壶、木纹茶杯等日常生活用品,图4.7所示为3D打印机用秸秆材料正在打印及完成后的产品。这些产品从质量上来说,与其他木质材料一样坚硬,并且带有天然的草木色纹理及秸秆清香,而且还可以根据客户的需要,添加不同的颜色进行打印,使得最终产品的颜色多种多样。今后,随着秸秆材料的推广,会使3D打印材料的成本进一步降低,3D打印产品进入大众的生活指日可待。

(a) 正在用秸秆材料进行打印　　　　　　(b) 用秸秆材料打印出的成品

图 4.7　用 3D 打印机打印出的秸秆制品

秸秆还可以用作家装及建材原料,它既可以部分代替砖块、木料等,还能有效保护环境及森林资源。秸秆板材的保温性、装饰性和耐久性均较好,许多国家早已把"秸秆板"用作木材及瓷砖的替代品,若用 3D 打印机大量打印秸秆墙板,对于达到目前家装的环保要求最为有效,克服了其他木材装修引起甲醛污染带来的烦恼,同时,秸秆材料若能用于建筑行业中,人类将受益匪浅。

4.5　砂糖材料

当人们纷纷议论 3D 打印机的时候,3D Systems 公司的 ChefJet 悄然而至,它也是一台 3D 打印机,与普通打印机有所不同的是,它能够打印甜品! ChefJet 能够打印出五颜六色的糖果和甜点。它的大小能同时容纳 4200 颗方糖,一次生产出的甜品热量可达 105000 cal(1 cal=4.184 J)。ChefJet 的尺寸是普通微波炉的两倍大小,虽然它被作为厨具放在厨房中使用,但其黑白分明的外壳使得它看起来更像一个太空飞船上的装置。它工作时人们无法亲眼看到 3D 打印糖果的生产过程,但一个可旋转的 3D 模型会将打印完成的糖果呈现在机器的显示屏上。

虽然 ChefJet 具有未来派的外观,但其工作性质就像一台普通的喷墨打印机,只不过将墨水换成了食用色素,将纸张换成了糖。该设备的发明者之一Kyle Von Hasseln 说:3D 打印甜点的优点是,它总是能做到非常精确从而为你提供最精致的甜品。

如果你曾经接触过实际打印流程里的砂糖，你就知道细碎的砂糖一夜之间就会吸潮结块，变得很硬。这就是砂糖能用作 3D 打印材料的原理。科学家将砂糖混合水与酒精，通过非常仔细和智能的筛选，选择合适湿度和硬度的砂糖材料，打印过程和传统 3D 打印过程差不多，只是针对砂糖做了优化，提高了打印分辨率和砂糖的强度。图 4.8 所示为利用砂糖打印的甜品及糖果。

图 4.8　利用砂糖打印的甜品及糖果

思　考　题

1. 聚丙烯的特点及性能是什么？
2. 碳材料主要分为哪几类？
3. 农作物秸秆是如何转化为 3D 打印材料的？

知识模块 5　3D 打印材料展望

　　20 世纪 80 年代，那时候打印机又吵又糙，还只能打单色，小小的指针搭在黑色的墨带上，比一台自动电子打字机强不了多少。但是今天，全彩、便宜又安静的喷墨打印机已经遍地都是了，打出来的分辨率同专业机构差不了多少。所以，放眼 20 年以后，也许那个时候，3D 打印机能打出比如今最好玩具厂家生产出来的玩具更好的玩具，甚至可以直接将电子线路打印到物体上去，加上电池就能直接使用了。3D 打印机为了适合不同行业的需求，提供"轻盈小巧"和"大尺寸"的多样化选择，已有多款小巧的 3D 打印机在不断挑战"轻盈小巧"的极限，为未来进入家庭奠定基础。打印材料的发展也尤为重要，3D 打印全靠有"米"下锅，打印材料应取材广泛价廉宜得，随着人们研究的深入，3D 打印材料在 3D 打印方面的应用将有更广阔的发展前景。

　　近年来，虽然 3D 打印技术得到了快速的发展，其实际应用领域逐渐增多。但 3D 打印材料的供给形势却并不乐观，成为制约 3D 打印产业发展的瓶颈。目前，我国 3D 打印原材料缺乏相关标准，国内有能力生产 3D 打印材料的企业很少，特别是金属材料主要依赖进口，价格高，这就造成了 3D 打印产品成本较高，影响了其产业化的进程。因此，当前的迫切任务之一是建立 3D 打印材料的相关标准，加大对 3D 打印材料的研发和产业化的技术和资金支持，提高国内 3D 打印用材的质量，从而促进我国 3D 打印产业的发展。可以预计，3D 打印技术的进步一定会促进我国制造业的跨越发展，使我国从制造业大国成为制造业强国。而我国正处在经济社会转型发展的一个根本转折点上。党的十八大要求把国家经济和社会发展转变到创新驱动的轨道上来，从根本上改变改革开放以来依靠投资、廉价的自然和人力资源拉动的"技术跟踪"型发展方式。创新驱动的发展主要依靠先进的科学技术和创新人才支撑，3D 打印不仅本身是引领制造业发展方向的先进科学技术，还是一种开启创新设计、培养创造性思维方式和能力的极佳手段。3D 打印开创了一种全新的增材成型原理。在其发展初期，由于材料技术不过关，而只能用于快速原型制造，使得这一新技术一度以"快速原型"技术而闻名世界。随着材料技术的发展，3D 打印进入了直接制造高性能构件的新阶段，从而开启了制造业革命性发展的序幕。提高我国制造业总体水平对 3D 打印制造技术提出了许多重大需求。随着在零件直接制造方面取得进展，3D 打印制造技术也突破了产品结构形态的约束，能够加工出传统制造工艺方法无法加工或难以加工的非常规结构特征的零部件，从而丰富和拓展了制造工艺手段。3D 打印制造工艺流程短，能与铸造、金属冷喷涂、机加工等现有制造工艺集成，形成复合制造工艺，从而降低制造成本和缩短制造周期。与传统的减材制造（切削加工）不同，3D 打印是一个新发展的技术，我国在 3D 打印制造技术方面与世界先进技术水平差距不大，甚至在某些方面还处于世界领先地位。通过有效的国家支持和引导，强化并保持 3D 打印方面的优势，弥补传统制造方面的不足，对实现我国制造业的跨越式发展和弯道超车，提高我国制造业的整体水平具有重要的现实意义。产业结构转型对升级3D 打印制造技术提出了重大需求。3D 打印制造技术将实现从大规模生产方式向"按需定制""因人定制"的个性化定制方向发展，实现社会化"泛在制造"。与互联网相融合，依托 3D 打印制造技术，将催生创新创意设计、个性化定制、专业化服务、数据服务等一批现代制造服务业。一方面能够推动制造产业向价值链高端拓展，促进制造业与服务业融合发展，另一方面能够大大提高我国现代服务业在整体服务业中的比重，提高服务业在经济结构中的比重。这些对促进我国经济整体向服务化方向发展，优化三大产业之间的结构都具有重要的促进作用。建设创新型国家、实现强国战略对 3D 打印制造技术也提出了迫切需求。3D 打印制造技术能够让设计师在很大程度上从制造工艺及装备的约束中解放出来，更多地关注产品的创意创新、功能性能，减少创新设计过程受到的工艺约束与限制，从而拓展创新设计空间，实现更丰富的产品设计创新。3D 打印制造技术也能够极大地提升产品性能，制造出传统工艺方法难以实现甚至无法实现的空心结构、多孔结构、网格结构、异质材料结构和功能梯度结构，实现产品结构轻量化、高性能化和功能集成化。借助互联网，普通大众可以将新颖的构思、想法在数字空间进行表达，并通过 3D 打印在物理空间得以实现，这必将极大地激发普通大众的创新激情，开启经济和社会运行模式的革命性变化，为我国建设创新型国家提供不竭的动力。

3D 打印材料的发展对于工业化和信息化深度融合具有十分重要的意义。工业和信息化部于 2013 年 8 月发布的"信息化和工业化深度融合专项行动计划"指出：推动信息化和工业化深度融合是加快转变发展方式，促进四化同步发展的重大举措，是走中国特色新型工业化道路的必然选择。对于破解当前发展瓶颈，实现工业转型升级，具有十分重要的意义。关于智能制造生产模式培育行动的目标，明确提出了加快工业机器人、增材制造（3D 打印）等先进制造技术在生产过程中的应用。诞生于 20 世纪 80 年代末期的 3D 打印技术是制造技术原理的一次革命性突破，它形成了最能代表信息化时代特征的材料制造技术，即以信息技术为支撑，以柔性化的产品制造方式最大限度地满足无限丰富的个性化需求。1892 年，一个立体地形模型制造的美国专利首创了叠层制造原理，在其后的一百年间，类似的叠层制造专利有数百个之多，实践中的技术探索也层出不穷。到 1988 年，以第一台工业应用立体光刻机器的诞生为标志，以快速满足柔性化需求为主要应用目标的现代 3D 打印技术才真正形成。可以说，如果没有 CAD 实体模型设计和对其进行分层剖分的软件技术，就没有能够控制激光束按任意设定轨迹运动的振镜技术、数控机床或机械手,3D 打印技术的柔性化特征就只能停留在一种理想化的原理层面。因此,3D 打印技术应该被称为信息化增材制造技术或数字化增材制造技术。从这个意义上看,3D 打印技术本身就是两化深度融合的先进制造技术。更进一步,3D 打印技术为机械结构的拓扑优化设计提供了技术实现途径。拓扑优化设计是高度信息化的设计技术,但过去因为没有可行的技术实现途径而难以在机械结构设计和制造中发挥作用。3D 打印技术与拓扑优化设计相结合,为制造业带来了高度信息化的美好前景。

我国在传统的材料制造技术领域与发达国家差距很大,短期内很难显著缩小差距。但在 3D 打印的科学研究和技术发展方面,中国和发达国家差距很小,个别方面甚至领先。在高新技术发展前沿与发达国家并驾齐驱的难得机遇下,在国家研发投入的持续支持和重大工程需求的拉动下,我国已形成体系结构基本完整的3D 打印技术研发体系,在个别领域达到国际领先水平,具备跨越式快速发展的良好基础。比如:在 3D 打印的材料科学基础方面有一些比较系统深入的研究,开发了一系列 3D 打印非金属材料,金属 3D 打印也达到了非常优异的力学性能;研制了一批先进光固化、激光选区烧结、激光选区熔化、激光沉积成型、熔融沉积、电子束制造等工艺装备;在航空发动机零件制造、飞机功能件和承力件制造、航天复杂结构件制造、汽车家电行业新产品研发、个性化医疗等方面得到了初步应用;涌现出几十家 3D 打印设备制造与服务企业;在多地相继出现的一批 3D 打印技术服务中心,利用 3D 打印技术辅助当地企业的新产品快速开发,为家电、数码、汽车等行业新产品快速开发与创新设计提供了支撑。在此基础上,通过进一步加强研究和产业化应用,我国完全有可能在这个对未来社会产生重大影响的高新技术领域与发达国家并驾齐驱。

世界 3D 打印技术发展最先进的国家当推美国和德国:美国领先 3D 打印的原始创新和产业发展,占据国际 3D 打印产业市场的三分之二;德国领先 3D 打印的技术发展,在主要的 3D 打印技术与装备水平上全球领先。推动我国的 3D 打印技术产业发展应该认真地研究和借鉴美国和德国的成功经验。美国在 3D 打印原始创新和产业发展上的优势,主要得益于科技界和产业界强烈的创新意识和强大的商业运作能力。GE 在全球首先建设专业化工厂,大批量采用 3D 打印技术生产航空发动机零件,并以此显著提升了其正在研制的最先进航空发动机的性能。美国宇航局已经制订了直到 2040 年的空间 3D 打印技术发展的详细计划。全球 3 家主要的 3D 打印上市公司都在美国,其中前两位(3D System 和 Stratasys 公司)都是经过了约 50 次商业并购后形成目前的约 50 亿美元市值规模的全球最大 3D 打印龙头公司。但美国人仍然认识到他们的产业技术创新体系不如德国,他们缺少像德国弗劳恩霍夫研究院那样一个科技、产业和教育密切协同的创新体系。美国人的创新意识和创新能力非常突出,但有很多的发明创造却在其他国家实现了产业化。美国于 2012 年 8 月建立了"国家增材制造创新中心",并于 2013 年 8 月更名为"America Makes"(美国制造),体现其主要宗旨是实现"美国发明、美国制造"。美国"国家增材制造创新中心"是一个针对产业应用的 3D 打印共性技术发展与转化的国家平台。美国 3D 打印领域的科技、教育、产业和社会团体的主要力量都汇集到了"国家增材制造创新中心"中,形成了一股强大的合力,为 3D 打印技术发展和产业化应用,包括人力培训和教育搭建了一个高水平的国家平台。可以预计,吸收了德国技术创新体系后的美国,其强大的基础研究和创新能力将更加有效地支撑 3D 打印产业发展。中国发展 3D 打印技术的起步时间比欧美仅晚3~5年,如果仅就个别研究单位进行比较,中国持续二十年 3D 打印研究的团队并不比国际上任何单位的水平差,更适当的评价是各有千秋。但从国家整体比较,我们的原始创新不多,技术链不够完整,产业发展(包括 3D 打印技术本身及工业应用两方面的产业)与美国和德国相比就差距显著了。产生这种差距的主要原因,是我们还没有形成像美国和德国那样有效的技术创新体系。目前很多地方政府都很热衷于支持 3D 打印,工业界和社会各个方面也都对 3D 打印充满热情。然而,我们各方面的热情大多处于跟风的肤浅层面和想在热点领域快出亮点的惯性思维状态。在这种情况下很多地方盲目快上 3D 打印,可能又会重蹈光伏和风能发展的覆辙。因此,尽快形成一个像美国和德国那样有效的国家技术创新体系,是我国 3D 打印技术与产业健康发展并尽快赶超美国和德国的关键。

中国的 3D 打印材料与技术创新体系,应是一个 3D 打印的产业、科研与教育三个方面协同发展的系统工程,它包括以下六个层次。

(1)工业部门提出明确的应用需求并成为技术研发投入的主体。这要求工业界对 3D 打印的技术特性有准确清晰的认识,最要紧的是认识 3D 打印不是传统制造技术的替代或补充,而是开启产品创新设计和功能提升的全新途径。国外的许多大企业都已形成自己详细的 3D 打印技术与应用发展规划,如 GE、波音、洛克希德-马丁、空客、美国宇航局等,而国内企业大多还处在个案应用探索阶段。

(2)建立大规模的 3D 打印技术产业及所属的企业技术研究机构。竞争性的应用技术应该主要由企业自身发展,3D 打印的高新技术特性要求 3D 打印企业把技术研发放在一个十分重要的位置。美国 3D System 公司在 18 年的时间里累计投入了 1.8 亿美元的自有资金进行 3D 打印的材料和技术开发,平均每年花费 1千万美元的研究经费。没有这样的投入就不可能有领先的技术。

(3)面向产业共性技术研究、标准制定和人才培养的"国家增材制造协同创新中心"应负责国家 3D 打印技术和产业发展的顶层设计。美国和德国这样的机构都是由政府、企业和社会组织共同资助的,研究成果由所有参与单位共享。

(4)支撑产业应用技术的基础研究和高层次人才培养的研究型大学科教系统,以及以职业教育为主的普通高校和专科学校的工程师、技术人员培养体系。3D 打印是一个必将在全社会普及和长远应用的基础技术,在大学和高等专科学校建设相关的新学科和实验室是迫在眉睫的任务。

（5）创建面向中小学和普通高校的基础教育和创新意识培养体系。3D 打印是创新意识和能力培养的绝佳技术手段，在青少年的基础教育中普及 3D 打印是为建设创新型国家培养大批创新型人才的重要途径。

（6）发展 3D 打印产业所需的创新生态环境建设，包括创新要素的集成、创新的法制环境和文化环境建设。这是政府责无旁贷的责任。建成这样一个系统工程，才能实现"3D 打印中国梦"（世界增材制造的科技强国、产业强国、服务强国和人才强国），与美国和欧洲一争高下。我们的项目安排和平台建设计划，都应当围绕着这个系统工程的框架来展开。

就目前的发展来看，在政府的大力支持下，3D 打印技术在生物材料制备的研发过程中已取得诸多成果，但其大面积的生产仍处于开发阶段。要实现采用 3D 打印技术制备生物医用材料在临床上取得广泛应用还存在很多困难。究其原因，首先在于原料的选择，既要考虑其生物相容性、生物响应性、降解性能、力学性能等因素，又需适应规模化生产以满足市场需求，因此开发合适的原材料依然任重而道远。其次，在 3D 打印及其后续加工工艺过程中仍需保持所制备材料的生物相容性，而且还需保证材料表面或内部细胞的存活率等问题。这些尚未得到解决的问题制约了 3D 打印技术在临床上的应用，是未来此领域亟待解决的重要课题，也是目前科研工作者正在努力攻克的难关之一。我们相信，在不久的将来，各种面对 3D 打印技术所需的材料难关将被一一击破。将来，3D 打印技术的发展会是怎样？到底能够打印出怎样的东西？将会应用于什么样的领域？我们拭目以待！

参 考 文 献

[1] 潘琰峰,沈以赴,顾冬冬,等.选择性激光烧结技术的发展现状[J].工具技术,2004(6).

[2] 邓琦林,张宏,唐亚新,等.固态粉末的选择性激光烧结[J].电加工,1995(2).

[3] 张建华,赵剑峰,余承业.基于选择性激光烧结的铸造熔模快速制造技术[J].铸造,2000(12).

[4] 邓琦林.激光烧结陶瓷粉末成形零件的研究[J].大连理工大学学报,1998(6).

[5] 张建华.选择性激光烧结技术应用研究[D].南京:南京航空航天大学;2001.

[6] 黄树槐,张祥林,马黎,等.快速原型制造技术的进展[J].中国机械工程,1997(5).

[7] 史玉升,黄树槐,周祖德,等.影响 SLS 成形件性能的主要因素分析[C]//2001年中国机械工程学会年会暨第九届全国特种加工学术年会论文集.特种加工技术,2001.

[8] 樊自由,黄乃瑜,罗吉荣,等.用快速造型技术生产金属零件的方法及评价[J].中国机械工程,1997,8(5):25-26.

[9] 顾冬冬,沈以赴,潘琰峰,等.直接金属粉末激光烧结成形机制的研究[J].材料工程,2004(5):42-48.

[10] 杨永强.金属构件选区激光熔化(SLM)快速成型技术[R].中国机械工程学会先进制造技术系列培训班,2006(4).

[11] 王学让,杨占尧.激光快速成型与模具快速制造技术[J].河南机电高等专科学校学报.2000(4).

[12] 高军刚,李源勋.高分子材料[M].北京:化学工业出版社,2002.

[13] 王玉忠,陈志翀,袁立华.高分子科学导论[M].科学出版社,2010.

[14] 周冀.高分子材料基础[M].北京:国防工业出版社,2007.

[15] 陈平,廖明义.高分子合成材料学(上)[M].北京:化学工业出版社,2005.

[16] 张留成,瞿雄伟,于会利.高分子材料基础[M].北京:化学工业出版社,2002.

[17] 柳建,殷凤良,孟凡军,等.3D打印再制造目前存在问题与应对措施[J].设计与研究,2014,41(6):8-11.

[18] 史玉升.3D打印技术概论[M].武汉:湖北科学技术出版社,2016.

[19] 李炜新.金属材料与热处理[M].北京:机械工业出版社,2013.

［20］章峻,司玲,杨继全.3D 打印成型材料［M］.南京:南京师范大学出版社,2016.

［21］刘海涛.光固化三维打印成形材料的研究与应用［D］.武汉:华中科技大学,2009.

［22］邵中魁,姜耀林.光固化 3D 打印关键技术研究［J］.机电工程,2015,32(2):180-184.

［23］王运赣.3D 打印技术［M］.武汉:华中科技大学出版社,2016.

［24］吴芬,邹义冬,林文松.选择性激光烧结技术的应用及其烧结件后处理研究进展［J］.人工晶体学报,2016,45(11):2666-2673.

［25］刘铭,张坤,樊振中.3D 打印技术在航空制造领域的应用进展［J］.装备制造技术,2013(12):232-235.

［26］陈妮.3D 打印技术在食品行业的研究应用和发展前景［J］.农产品加工·学刊(下),2014(8):57-60.

［27］贺超良,汤朝晖,田华雨,等.3D 打印技术制备生物医用高分子材料的研究进展［J］.高分子学报,2013(6):722-732.

［28］杨洁,刘瑞儒,霍惠芳.3D 打印在教育中的创新应用［J］.中国医学教育技术,2014(1):10-12.

［29］何敏,乌日开西·艾依提.选择性激光烧结技术在医学上的应用［J］.铸造技术,2015(7):1756-1759.

［30］杨永强,宋长辉,王迪.激光选区熔化技术及其在个性化医学中的应用［J］.机械工程学报,2014(21):140-151.

［31］张迪湜,杨建明,等.3DP 法三维打印技术的发展与研究现状［J］.制造技术与机床,2017(3):38-43.

［32］宇波,张会.基于 3DP 的快速模具制造技术在手轮制件上的应用［J］.机械设计与制造,2010(10):142-144.

［33］BRIAN EVANS. Practical 3D Printers:the Science and Art of 3D Printing［M］.USA:APress,2012.

［34］李荣帅.建筑 3D 打印关键技术的研究方向与进展［J］.建筑施工,2017,39(2):248-250.

［35］张向东.尼龙材料在不同温度和应变率下的动态力学性能分析［J］.工程技术,2013,31:41.

［36］张凯舟,于杰,罗筑,等.玻纤增强尼龙 6 的断裂研究［J］.高分子材料科学与工程,2007,23(2):161-165.

［37］余冬梅,方奥,张建斌.3D 打印材料［J］.金属世界,2015,5:6-13.

［38］倪克钒.抗菌型有机硅橡胶在医疗领域中的应用［J］.中国医疗器械信息,2009,15(11):20-22.

[39] 叶淑英,刘罡,许向彬.矿用电器外壳材料改性 ABS 的研究[J].云南化学,
2011,38(4):9-12.

[40] 雷祖碧,马玫,胡行俊,等.高阻燃透明 PC 材料性能的研究[J].塑料助剂,
2010,1:39-41.

[41] 尚德玲,孙颜文.PC/ABS 合金技术专利分析[J].现代塑料加工应用,2012,
24(6):35-38.

[42] 黄金霞,孟凡忠,盛光.国内外 PC/ABS 合金的生产与研究[J].弹性体,2012,
22(1):80-84.

[43] 陈骁,赵建青,袁彦超,等.砜聚合物特种工程塑料的合成、性能与应用[J].
广东化工,2013,40(18):66-68.

[44] 周建龙,张天骄,邢慧慧.熔融法纺制聚苯砜纤维的探索研究[J].北京服装学
院学报,2011,31(2):13-18.

[45] 刘亚雄,贺健康,秦勉,等.定型钛合金植入物的光固化 3D 打印及精密铸造
[J].稀有金属材料与工程,2014,43(1):339-342.

[46] 徐洪辉,杜勇,陈海林.高强度、高电导率铜基合金材料的研究现状及发展
[J].材料导报,2004,18(10):37-40.

[47] 朱延安,张心亚,阎虹,等.环氧树脂改性水性聚氨酯乳液的制备[J].江苏大
学学报:自然科学版,2008,29(2):164-168.

[48] 蒋小珊,奇乐华.3D 打印成形微小型金属件的研究现状及其发展[J].中国印
刷与包装研究,2014,5(6):15-25.

[49] 刘柏华.发现"彩色砂岩"[J].石材,2013,3:27.

[50] 韩永生.工程材料性能与选用[M].北京:机械工业出版社,2013.

[51] 刘许,宋阳.用于 3D 打印的生物相容性高分子材料[J].合成树脂及塑料,
2015,32(4):96.

[52] 尚建忠,蒋涛,唐力.可移植人体外耳支架的 3D 打印关键技术[J].国防科技
大学学报,2016,01(28).

[53] 罗丽娟,余森,于振涛,等.3D 打印钛合金人体植入物的应用与研究[J].钛
工业进展,2015,32(5).

[54] 赵冰净,胡敏.用于 3D 打印的医用金属研究现状[J].口腔颌面修复学,
2015,1(16).

[55] 于成,赵卫生,贾伟.生物医用复合材料的研究进展[J].玻璃钢/复合材料,
2012,2.

[56] 贾玥,张乐,魏帅,等.3D 打印陶瓷材料研究进展[J].材料导报,2016,11
(30).

[57] 黄明杰,张杰.硫酸钙(石膏)在 3D 打印材料中的应用综述[J].硅谷,
2014,12.